核開発地域に生きる

——下北半島からの問いかけ

安藤聡彦
西舘　崇
川尻剛士　編著

同時代社

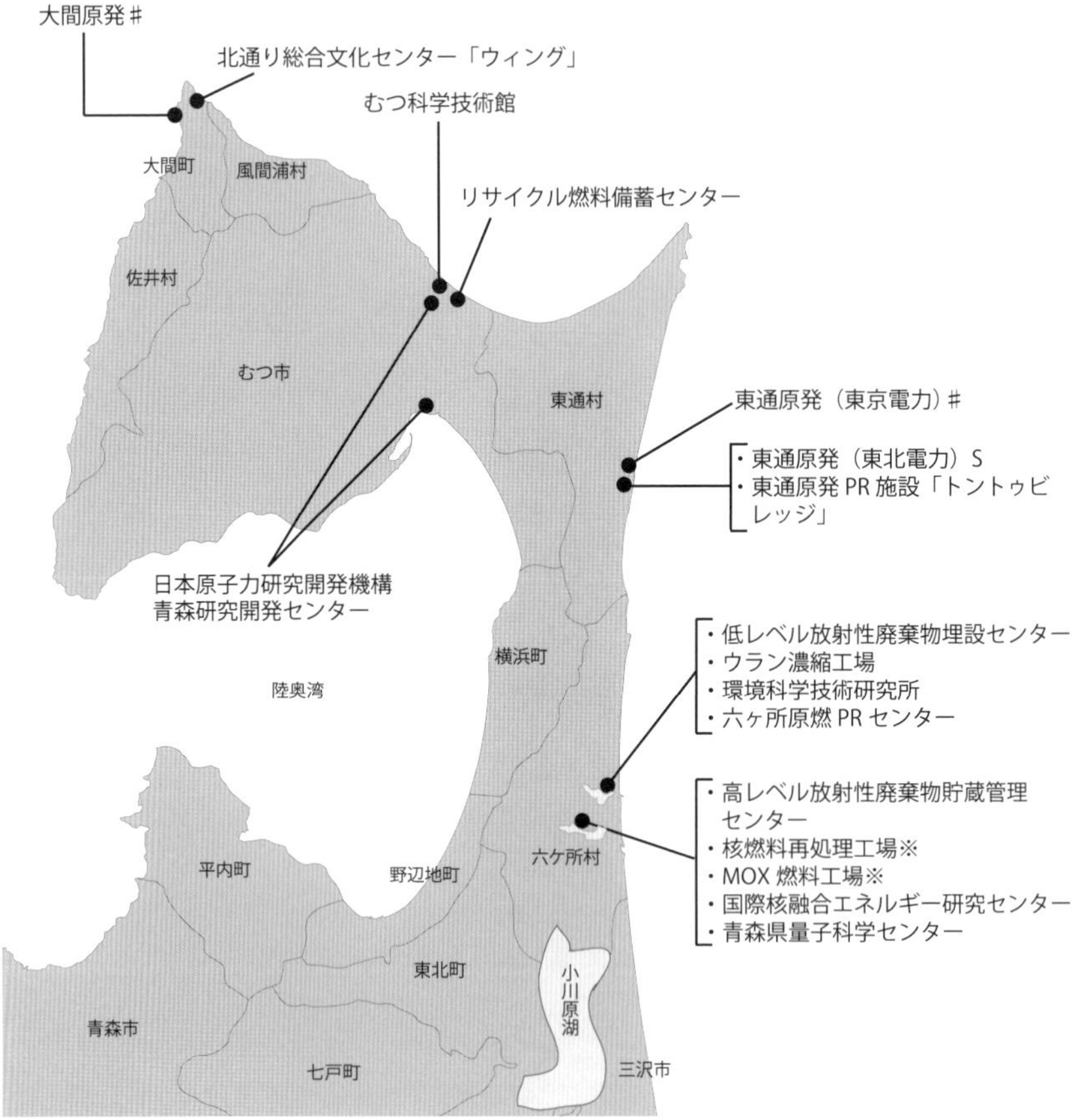

下北半島の核開発関連施設（S は停止中、※は建設中、♯は建設中断中／ 2024 年 11 月現在）

出典：安藤聡彦作成

核開発地域に生きる——下北半島からの問いかけ／目次

序章

生きられた側から核開発地域を見る

安藤聡彦

ベラルーシ共和国南部、ウクライナとの国境から四〇キロほどのところにホイニキ市という町がある。人口二万人足らずの小さな町だが、一九八六年四月二六日に国境のすぐ向こうにあるチェルノブイリ原子力発電所で爆発事故が発生した際には、ベラルーシにおける事故対策の最前線司令部が置かれ、世界にその名前を知られることになった。

数年前にこの町を訪ねたとき、中高年の市民にあの事故の記憶を尋ねてまわったのだが、それはとても興味深いものだった。例えば、ある女性はこんなことを言った。

「チェルノブイリ原発。ええ、でも事故の前にはほとんど名前も聞いたことがなかったし、意識したこともなかったわ」

あるいはこんな思い出話をしてくれる人もいた。

「チェルノブイリ原発っていえば、すぐ近くにプリピャチっていう発展した町があってね。あそこには何でもあるから、ときどき買い物に行くのが楽しみだったよ」

さらにある農民は、事故後に中央アジアのカザフスタンからこの町に移住してきたという。なぜ汚染地域にわざわざといぶかる筆者に、本人は平然としてこう言った。

「だって、ここには土地と仕事があったからね」

似たようなことは、日本においてもしばしば経験してきた。

例えば、佐賀県玄海町にある九州電力玄海原子力発電所。国道二〇四号線を北上し、浜野浦の見事な棚田を見ながら車を走らせていくと、やがて玄海原発に隣接する玄海エネルギーパークに到着する。入口手前には食堂やカフェ、旅館、タクシー会社などが建ち並び、客が来るのを待ち構えている。サイエンス館と呼ばれるPRセンターは巨大で、その建物と原発との間には全面ガラス張りの大きな観賞用温室もある。要するに一体がテーマパークの風情。数年前から廃炉プロセスが始まっている原発ということで、緊張感をもってその場に立った筆者であったが、現地の日常はまるで異なるトーンに包まれていた。

よく知られているように、世界の核開発はオットー・ハーンらによるウランの核分裂反応の発見（一九三八年）以降、まずは軍事分野が先行し、第二次世界大戦後は民事分野――その中心が原子力発電――が後追いする形で進められてきた。重要なことは、核開発は資源となるウランの採掘・加工から、その軍事的／民事的利用のための製品化、研究施設や実験場の設置、廃棄物の再利用や処分などきわめて多くのプロセスを有し、それらのプロセスに世界中の広範な地域を巻き込んでいくことだ。本書では、「原子炉が置かれた場所や、置かれようとした場所。ウラン鉱、ウランの精錬工場、放射性廃棄物の処理場、使用済み核燃料の再処理工場、核実験場、被爆地、その他、被害を受けた場所など」（山本 2017）を「核開発地域」と呼ぶことにしたい[1]。さきに言及したホイニキ市も玄海原発周辺も本書の視点では核開発地域ということになる。

　こうした核開発地域を描く場合、最も一般的なのは核開発をめぐるインターナショナル並びにナショナルな文脈がどのようにローカルな文脈を変容させていくのかを記述する、言わば鳥瞰図的なアプローチであろう。なぜある地域で核開発がなされるに至ったのか、それはどのようなプロセスで行われ、当該地域にどのようなインパクトを与えているのか。こうした諸問題をめぐる分析と記述はもとより重要である。だが、そうしたアプローチでは見えてこないものがある。それはその地域で生き続けている人々の姿だ。核開発は巨大な権力システムを背景に、大規模な資源を投入することによって推進されるから、地域社会の政治、経済、文化、環境などあらゆる方面に大きなインパクトを与えることになる。それゆえ、地域社会を生きる人々は、その現実に対処すべく様々な形で自らの人生を再編集していくことになる。核開発を千載一遇のビジネス・チャンスと捉え、あらたな事業に乗り出す人もいるだろう。そんな物騒なものが入ってくる地域では暮らせない、というので、さっさと移住していく人もいるだろう。いったいこれから何が起こるのかというので、様々な資料を取り寄せ、地域の未来について思案をめぐらす人もいるだろう。人生の再編集の仕方は無数にあり、無論そのすべてを記述することはできない。

　では、どのようなことがらであれば私たちは記述し、理解することが可能なのか。

　私たちは、核開発という事態に対してオリジナルな向き合い方をしたひとりひとりの個別の人生に即してその再編集の様相を理解することをめざしたいと考える。それは、核開発というインターナショナル／ナショナル／ローカルな文脈と人々の人生の文脈とが交錯する場として核開発地域を捉え、そこに生きる顔と

施設形態	立地自治体	計画浮上	着工	事業開始
原子力発電事業施設	六ヶ所村	1984	1993	未完成
原子力発電事業施設	六ヶ所村	1984	1988	1992
原子力発電事業施設	六ヶ所村	1984	1990	1992
原子力発電事業施設	六ヶ所村		1992	1995
原子力発電事業施設	六ヶ所村		2010	未完成
普及啓発施設	六ヶ所村			1991
研究開発施設	六ヶ所村			2009
研究開発施設	六ヶ所村			2017
研究開発施設	六ヶ所村			1990
原子力発電事業施設	東通村	1965	1999	2005
原子力発電事業施設	東通村	1965	2011	未完成
普及啓発施設	東通村			1999
原子力発電事業施設	むつ市	2000	2010	2024
普及啓発施設	むつ市			1996
研究開発施設	むつ市			2007
原子力発電事業施設	大間町	1976	2008	未完成
普及啓発施設	大間町			1998

＊筆者作成、斜線は未確認事項

名前を有する個人の声と記録に接近することによって、「社会的な形成作用のリアリティ」（宮崎 2019）、すなわち核開発時代において自己形成と他者形成、さらに自己と他者との相互形成を通して彫琢される個々の人生を理解する試みである。この作業によって、私たちは「核開発地域に生きる」とはどういう営みであるのかを理解するとともに、「生きられた側」から核開発地域を見ることも可能となり、さらには核開発地域の歴史という「見落とされた歴史」（アレクシェーヴィチ 2021）を知る一助ともなるのではないかと考える。おそらくその理解は、最終的には私たち自身と私たちが生きる社会とに対する様々な問いを投げかけてくることになるはずである。

下北半島への注目

本書では、日本における核開発地域の事例として下北半島に注目してみたい。

青森県の下北半島は、茨城県東海村、福島県浜通り地域、福井県若狭湾岸地域などと並んで原子力発電所をはじめと

表　下北半島の核開発関連施設

施設名称	設置主体
再処理工場	日本原燃株式会社
ウラン濃縮工場	日本原燃株式会社
低レベル放射性廃棄物埋設センター	日本原燃株式会社
高レベル放射性廃棄物貯蔵管理センター	日本原燃株式会社
MOX 燃料工場	日本原燃株式会社
六ヶ所原燃 PR センター	日本原燃株式会社
国際核融合エネルギー研究センター	国立研究開発法人量子科学技術研究開発機構
青森県量子科学センター	青森県
環境科学技術研究所	公益財団法人環境科学技術研究所
東通原子力発電所	東北電力株式会社
東通原子力発電所	東京電力ホールディングス株式会社
東通原子力発電所 PR 施設「トントゥビレッジ」	東北電力・東京電力ホールディングス
リサイクル燃料備蓄センター	リサイクル燃料貯蔵株式会社
むつ科学技術館	国立研究開発法人原子力研究開発機構
青森研究開発センター	国立研究開発法人原子力研究開発機構
大間原子力発電所	電源開発株式会社
北通り総合文化センター「ウィング」	公益財団法人北通り地域振興財団

する核開発関連施設が集中立地している地域である。いま、下北半島にある核開発関連施設（原子力発電事業施設、研究開発施設、普及啓発施設）をリストアップしてみると、表のように二〇カ所近い施設が存在していることが分かる。

全ての施設の事業開始が一九九〇年代以降であることから、核開発地域としての実態が現れ始めたのはその頃からと理解することができるだろう。

下北半島には日本の核開発地域として二つの特徴がある。ひとつは、核開発にかかわる時間の問題である。茅野恒秀によれば、「青森県下北半島は、原子力関連施設の立地が早くから見込まれたものの、その到来は最も遅れた地域だ。（中略）着工の目途が立たない上関《かみのせき》を除けば、計画の浮上から初号機の着工まで三〇年超を要した原発は、下北半島の東通《ひがしどおり》、大間《おおま》の二つしかなく、その特異性は明白である」（茅野 2023）という。上の表が示しているように、東通原発は、東北電力一号機が計画浮上してから三四年目に工事着工となり、事業開始に至ったのは四〇年目の二〇〇五年、しかも二〇一一年の東日本大震災で停止となり、未だ再稼働の見通しは立っていない。同じ東通原発の東京電力一号機はようやく二〇一一年に着工したものの、これまた大震災のために工事停止となり、現在に至るまでその状態が続いている。電源開発の大間原発は日本初のMOX燃料（使用済み核燃料を再処理して得られるプルトニウムとウランとの混合燃料）利用による発電所をめざしているが、計画から三二年目の二〇〇八年に工事が始まったものの現在でも完成には至っていない。下北半島の原子力発電所は着工までに時間がかかっているのみならず、現時点でひとつも稼働していないのだ。

もうひとつは、言うまでも無く、核燃料サイクル施設がセットされていることである。これは、日本の原子力政策にとって下北半島が要の位置にあることを示している。だからこそ再処理工場だけでも一〇兆円を超える巨費が投じられてきた。だが、これも茅野によれば、一九九五年以降六ヶ所村に多種多様な放射性廃棄物が集積されることにより、核燃料サイクル施設は実態としては下北半島を「放射性廃棄物半島」へとさせる役割を果たしているという（茅野 2023）。二〇二四年秋に利用が開始されたむつ市の使用済燃料中間貯蔵施設によってその動向が加速することは疑いない。

この二つの特徴が示していることは、下北半島は日本の核開発の理念と現実との矛盾ないし乖離が集約的に現れている地域である、ということである。それは、この地域に生きる人々には独特の磁場として作用するし、その人々の人生をたどろうとする私たち——この地域にとって私たちはよそ者以外の何者でもないから——にもある種の覚悟が求められることになる。だが、だからこそ私たちは、二〇一一年の東日本大震災以来、この地域に通い、人々とかかわり、この地域を見続けていきたいと思い、資料を集め、話を聞き続けてきた。

本書はそうした私たちのささやかな努力の、ひとつの結実である。

本書のねらいと構成

本書は、一九六〇年代から現在までの間に下北半島を生きた一〇人の人々の物語を記述している。その一〇人は、著名な政治家とか反対運動のリーダーといった人々ではない。教師、歯科技工士、郵便局員、消防士、自営業者、それに市民活動家といった、文字どおり核開発に揺れる下北半島で呼吸をし、暮らしを営み、ものを考え、仕事や活動をしてきた普通の人々である。かれらひとりひとりの物語を通して下北半島における核開発の歩みをふりかえるとともに、それらの物語から今を生きる私たちに投げかけられる問いかけ――そこに通底しているのは「あなたは私たちのことを忘れようとしているのではありませんか」という声だろう――に耳をすませたい。

半世紀以上に及ぶ下北半島における核開発の歩みを、本書では「核開発の始動」、「核開発の浸透」、「核開発の転調」という三つの時代に大きく区分する。この三つの部において、それぞれ三人ないし四人の人々の人生を記述していく。なお、私たちはこれまで東通村やむつ市を中心に調査を行ってきたため、今回記述の対象とさせていただいた方々もその地域を拠点として生きてこられた方が多い。各部には、導入部を設け、それぞれの時代状況の概要を提示するとともに、その部において記述される人物のプロフィールの簡単な紹介を行うことにする。同時に、各部の末尾にコラムを置き、下北半島の物語を他の核開発地域の物語へとつなげていきたい。

二〇一一年三月一一日の東日本大震災による福島第一原子力発電所事故によって、一時日本のすべての原子力発電所はストップした。「脱原発」や「卒原発」をめざす政策的な議論も様々な形で展開された。だが、気づいてみると、またぞろ原発推進論が勢いを取り戻し、二〇二三年には原子力基本法が改正され、「エネルギーとしての原子力利用」が「国の責務」として規定された。今日、原発の再稼働・稼働年限延長、放射性廃棄物関連施設の候補地選びが各地で雪崩を打ったように進んでいることは周知のとおりである。このような「原子力ルネサンス」の時代状況であるからこそ、私たちは下北半島という核開発地域に生きる人々の人生の物語を記述し、そこから浮上する私たちへの問いかけを念入りに省察してみたい。

〔注〕

（1）山本昭宏は「核サイト」という言葉を用いているが、私たちは、核開発の現場は人々が暮らしてきたし、いまも暮らしている場所である、という意味を込めて「核開発地域」という言葉を用いることにした。

〔文献〕

アレクシェーヴィチ（2021）『完全版チェルノブイリの祈り――未来の物語』岩波書店。

茅野恒秀（2023）「「原子力半島」はいかにして形成されたか――下北半島・六ヶ所村の地域開発史と現在」茅野恒秀・青木聡子編『地域社会はエネルギーとどう向き合ってきたのか』新泉社、九八～一二四頁。

宮崎隆志（2019）「暮らしの思想の生成論理――地域社会教育の学習論」日本社会教育学会編『地域づくりと社会教育的価値の創造』東洋館出版、一九五～二〇七頁。

山本昭宏（2017）「『核サイト』研究の補助線――失敗した日本の原発設置計画・三重県の芦浜原発建設計画を中心に」若尾裕司・木戸衛一編『核開発時代の遺産――未来責任を問う』昭和堂、三一九～三三二頁。

第Ⅰ部　核開発の始動

世界の核開発は、ドイツのオットー・ハーンらによる核分裂反応の発見（一九三八年）を機に軍事利用が先行して進み、最終的には広島・長崎への原爆投下に帰結することとなった。第二次大戦後は、米ソ冷戦体制のもとで軍事利用が拡大されていったが、アメリカのアイゼンハワー大統領の国連総会における「平和のための核」（Atoms for Peace）演説（一九五三年）を機に民事利用、すなわち原子力発電所や原子力船の開発のための体制整備が進むことになった。とりわけ一九五五年八月にジュネーブで開かれた原子力平和利用国際会議――日本からも中曽根康弘ら多くの参加者があった――は、こうした体制整備を各国が一気に進める役割を果たした。

日本の民事利用面での核開発は、高度経済成長が始まろうとする一九五四年から本格的に開始されている。中曽根らの要請によってこの年はじめて文部省予算に原子力関連予算がつく。翌五五年一一月一一日には日米原子力研究協定が締結され、同月末には財団法人日本原子力研究所が設置され、さらに年末には原子力三法が成立している。日米原子力研究協定は、日本がアメリカから濃縮ウランを貸与され原子力研究所で試験用の原子炉を動かすために不可欠であったし、三法は原子力利用の基本方針を「平和の目的に限り、安全の確保を旨として、民主的な運営の下に、自主的にこれを行うものとし、その成果を公開し、進んで国際協力に資するものとする」と定め、原子力委員会や原子力局を設置するなど、核開発体制の基盤づくりを行うものであった。

核開発地域は、こうした核開発体制の基盤のうえに、具体的な研究開発施設、原子力発電施設、燃料採掘地等を設置するためにつくりだされていくことになる。

最初の代表的な核開発地域は茨城県の東海村である。ここには、日本原子力研究所の東海研究所が一九五六年に設置された。同研究所では研究用原子炉が一九五七年に、初の国産研究用原子炉が一九六〇年に、それぞれ臨界を迎えている。一方、沖縄電力以外の電力九社が一九五七年に日本原子力発電株式会社を設立し、日本最初の原子力発電所として東海発電所の建設を開始、一九六六年には営業運転開始に至っている。一九六〇年代に入ると、国及び自治体と電力業界等の思惑や利害が交錯しつつ、原発立地競争が進められることになる。福島県や福井県がその競争を先導したことは周知のとおりである。一方、青森県における原発立地の過程は、『青森県企画史』（青森県企画部 1982）では次のように記載されている。

東通村の原発立地は、国（通産省）が国内数カ所の原発立地を想定し、その適正な配置を図るために昭和三八年から全国で立地調査を開始し、三九年度に国の委託により企画部開発課で東通村白糠前坂地区を調査したことに始まる。調査の結果、当該地区は有望地点と判断され、四五年一月、県に東北・東京両電力から用地買収の要請があり、県は、同年四月一日発足の陸奥湾小川原湖開発室で担当することとして、同年六月に両電力と契約締結し、用地買収を進めてきた。

これが東通原発建設（東北電力第一号機の操業開始は二〇〇六年）に至る長い歴史の始まりである。

第Ⅰ部では、こうした核開発の始動期を生きた三人の人物にフォーカスをあててみたい。東通原発建設予定地となった場所にあった東通村立小田野沢小学校南通分校において、買収問題が生じたとき教員をしていたのが第一章で描く濱田昭三（一九二八〜）である。濱田は、パートナーとともに一九六一年四月にこの分校に着任し、この分校で生活しながら、地域の子どもたちの教育を担い、住民たちとの交流を営んできた。この章は濱田自身やご家族のインタビューと資料とにもとづき、「原発に消えた学校」とはどのような学校であったのかを浮上させるとともに、核開発による学校閉鎖という事実の持つ意味を問いかける。

下北半島では、東通原発建設が進められつつある頃、より大きく注目された核開発があった。原子力船むつのむつ市大湊港の母港化である。第二章で描く中村亮嗣（一九三四〜二〇一六）はひとりの市民としてこの計画に疑問を感じ、運動を展開し、その経過を『ぼくの町に原子力船がきた』（岩波新書、一九七七年）にまとめた。この章では、この本を手がかりに中村がなぜ、またどのように運動を展開したかを考察する。

東通原発の建設計画は、水産業を軸に生計を成り立たせていた周辺住民から大きな不安をもって受け止められることになる。とりわけ優良な漁港のある東通村白糠部落では、反対の声が強かった。第三章で描く穴沢達巳（一九三四〜一九七八）も地元・白糠小学校に勤める教師であった。子どもに生活を見つめさせ作文を書かせる生活綴方教育の担い手として知られていた氏は、保護者たちと原発問題の学習会を積み重ね、やがて「白糠地区海を守る会」の中心的な担い手となっていった。子どもと共に生きてきた穴沢は、なぜ住民や地域、さらに海と共に生きることを選択したのであろうか。遺された資料から読み解きを行う。

なお、最後のコラムでは、一九六〇年代半ばに三重県南島町で展開された芦浜原発反対運動を当時取材した教師・福島達夫（一九三三〜）へのインタビュー他をもとに、「核開発地域に生きる」人々への氏の視線を記述する。

〔参考文献〕

青森県企画史編集委員会編（1982）『青森県企画史』青森県企画部。
船橋晴俊・茅野恒秀（2013）「総説『「むつ小川原開発・核燃料サイクル施設問題」研究資料集』の意義と編集の方針」船橋晴俊ほか編『「むつ小川原開発・核燃料サイクル施設問題」研究資料集』東信堂、五〜四六頁。
吉岡斉（2011）『新版・原子力の社会史――その日本的展開』朝日新聞出版。

第一章　原発に消えた学校

――もう一つの「ふるさと剥奪」の履歴

川尻剛士

＊濱田昭三（はまだ・しょうぞう）氏

一九二八年、青森県下北郡川内町川代（現むつ市）生まれ。むつ市立烏沢小学校を卒業し、野辺地町立野辺地中学校を繰上げ卒業後、大畑国民学校にて教職に就く。以降、東通村立入口中学校野牛分校および野牛中学校、東通村立小田野沢小学校南通分校、むつ市立第一田名部小学校、むつ市立中野沢小学校、佐井村立佐井小学校、東通村立田代小・中学校を経て退職。一貫して、下北半島の教師であり続けた。

特に東通村立小田野沢小学校南通分校では、一九七〇年以降に具体化する東通原子力発電所建設計画で翻弄された現場を経験した。

一　原発以前へのまなざしの不在――〈核開発〉という忘却の力学

恥を忍んで正直に告白すれば、二〇一一年の東日本大震災と福島第一原発事故以前の筆者にとって、原発は存在しないに等しいものだった。それほどまでに、原発について無知だった私は、一転して日々報じられ続けた放射能汚染や避難者などの事故後の諸問題をどう受け止めてよいかすぐにはわからないが、さりとて、目を逸らすこともできなかった。だから、高校生当時の私は地元岡山の高校で友人たちと募金を呼びかけたり、大学進学後は何をできるでもないが、ゼミなどで被災地にも何度か足を運んだりしていた。

本章の主人公である下北半島の元教師・濱田昭三（一九二八年生まれ）に初めてお会いしたのは、そんな二〇一三年のときのこと（濱田 2015）。その日のことは、今でも疼《うず》きとともに思い出される。なぜなら、濱田との出会いは、原発に対する私のある欠落した認識に猛省を迫るものだったからだ。端的に言えば、当時の私にとって、原発問題とは事故後の諸問題こそがその中心で、それ以前の〈核開発〉そのものの問題性や、何よりもそこに存在したはずの生の履歴には全く想像が及んでいなかったのである。濱田の語りは、〈核開発〉が有するそうした忘却の力学を逆説的に照らし出すものだったが、同時に、その力学の中に無自覚にも浴していた私自身を詳《つまび》らかにするものでもあったのだ。

本章では、この私の原体験を構成している、原発に消えた東通村立小田野沢小学校南通分校を中心とする濱田の実践を描いてみたい。南通分校の位置した南通地区は、終戦直後の開拓部落である。濱田は、南通分校（開校期間一九五五～一九七一年）において一九六一年から廃校に至る一九七一年までの一一年間、教師で妻でもあった、さつ子とともに教師生活を送った。だが、開校からわずか一六年間で廃校せざるを得なかったのは、一九七〇年以降に具体化する東京電力及び東北電力の東通原子力発電所建設計画の浮上による。南通地区はその全域が用地買収の対象となったことで、住民は立ち退きを余儀なく迫られ、分校は廃校への一途を辿った。濱田夫妻は、その一部始終を見届けたのだった。

二　東通村の学校と地域の関係史——あるいは、その原子力政策による変容の中の南通分校

ところで、南通分校での濱田の実践に注目しようとするとき、それは実のところ、東通村の学校と地域の関係史における独自の位置を描き出すことにもなる。

下北半島の最北東部に存する東通村では、長らく中心市街地の形成が整わず、村政施行百周年（一九八八年）までは隣接する旧田名部《たなぶ》村（現むつ市）に村役場を置いていた。東通村がこうした独特な歴史を有する背景の一つには「東通共和国」とも称してよいほどに、村内の各集落がそれぞれユニークな自然や文化にねざして個性的な発達を遂げてきたことがある。しかし、東通村ではどこでも「学校は地区の中心的存在」（高屋敷 2014）であった。それゆえ、各集落における学校と地域の豊かな関係史の丁寧な紐解きなくして、各集落の、ひいてはこの村の歴史を物語ることはむずかしい。

一方、東通村の学校教育は、二一世紀に入るとその姿を大きく変えた。その変化の中心には、村内一三の乳幼児施設（幼稚園・児童館・保育園）、一六の小学校、六つの中学校を一箇所に集中させるという大規模な学校統廃合、すなわち東通学園の設立がある。東通学園設立以降の各集落に分け入ってみると、子どもたちの姿が遠のいてゆくことへの嘆きの声が充満している。これらの声の束を、東通村の学校と地域の関係の今日的再構築に向けたちからへと転轍させるためにも、東通学園設立以前の両者の関係の分厚い蓄積を改めて

描出しなくてはならない。本章で、濱田の実践に注目するのはそのためでもある。

とはいえ、厳密に言えば、東通学園の設立（二〇〇八年）の遥か以前に南通分校は廃校しており、一見して双方の歴史は連続していない。だが、東通学園の設立が東通原発設置に伴う電源立地地域対策交付金に支持されていることや、そのカリキュラムの一部（特に地域学習単元の東通科）が原子力政策の推進と不可分なかたちで誕生したこと（詳細は本書第八章を参照）などを想起すれば、原子力政策による東通村の学校と地域の関係の変容は、南通分校でのそれを出自として以来一貫している。

本章では、この「出自」にあった南通分校と南通地区とのかかわりを濱田の実践に注目して描きだし、現在もそこにあり得たかもしれない別様の風景の一端を立ち上げてみたい。

三　南通分校設立前史としての南通地区開拓史

南通地区開拓史は、初代入植者・馬場勝雄（東通村白糠《しらぬか》老部《おいっぺ》出身）を含む三名が、戦後まもない一九四六年二月二〇日付で一通の文書を東通村長に送付したことに端を発する。[1]それは、南通の村有地一五町歩を貸してほしいという「村有地借下願」で、次のように開拓に向けた強い「覚悟」が示されていた。

> 最後まで、石にかじりついても、必ずやるんだ、農具がなかったら、親元から鍬《くわ》をかりてやる、食糧が足りなかったら、浜辺から昆布を拾って、また山菜、ワラビの根を掘りながらでも頑張り、わらぶきの掘建小屋で、生活の安定がつくまで、五年でも七年でも頑張る、そして功半ばで死ねば、畠の真ん中で仏にしてもらう決心で、今春雪どけと一緒に小屋をかけて着手したいと熱烈に懇願する者三、四あり、

皆同志的結合で、三年間は最低の生活をする覚悟なる故、途中でサジをなげ出さない、そしてしばらくやれば、必ず生活の道がつくんだと、実際示して、一つハラの決まらぬ連中を引っ張って行く覚悟であります。

村長に提出した文書には、さらに当時の村の状況が克明に綴られている。

村では復員軍人および軍需工場から帰った徴用工ら職業上の中途半端な若者がおり、余っている除隊当時の退職金幾ばくを懐に、平和産業といったって、何をやってよいのか、とぶらぶら遊んでいる。漁師の出来る者は魚取りをやったが、先が見えている。取る人間と採られる海産物は、平行しないからだ。何をやるか？　北海道の鉱山に行くか？　いやだ。親元のそばで開墾をやろう。畠だ!!

不在地主を解放しろ。二男、三男の無財そして漁師の出来ないわれわれに生きんがための糧を得る職場を与えよ!!　元放牧地である荒地も今年は牛馬をほとんど売りつくし、文字通りの広大な荒地としてやせていくばかり。よし、あそこで百姓をやりたい。食糧難、またこのような時勢でもあるから、必ずやらなければならぬと、あっちで二、三人、こちらで四、五人と自然に同志が集まって、論議するようになりました。

こうして「お百度参り」のように通い続けたという馬場らの懇願を受けた東通村当局は、一世帯当たり五町歩を貸し付け、馬場らは開墾を開始した。

一九四〇年代後半には白糠老部から一〇戸、一九五〇年代前半には小田野沢から一〇戸が入植した。その

年度／性別	30	31	32	33	34	35	36	37	38	39	40	41	42	43	44	45	46
男	8	10	9	12	16	15	10	13	13	11	12	12	16	11	11	10	11
女	6	8	12	13	17	18	17	18	17	14	16	11	11	13	12	12	7
計	14	18	21	25	33	33	27	31	30	25	28	23	27	24	23	22	18
学級	1	1	1	2	2	2	2	2	2	2	2	2	2	2	2	2	2
教員	1	1	1	2	2	2	2	2	2	2	2	2	2	2	2	2	2

表1　南通分校の年度別児童在籍数・学級数・教員配置数
出典：濱田（2013）

多くは各本村の復員者及び二・三男であった。そして一九五五年一月には計二〇戸をもって南通地区を構成し、東通村行政の一単位地区として発足した。

また、地区の形成が整うと、住民間では学校設立の必要が次第に自覚され始めた。当時、子どもたちは南通から各本村の学校に通っていたが、馬場によれば、「雨降ったりすれば、よけいに行かない」し、「雪降ったりすれば欠席者がほとんど」であった。そこで「学校だけは何としても建てねばならないということで再三役場さ陳情した」（二本柳ほか 1981）。その結果、一九五五年一二月、南通分校は児童一四人と教師一人で開校した。なお、分校開校中の昭和三〇年（一九五五年）度から昭和四六年（一九七一年）度までの年度別児童在籍数・学級設置数・教員配置数は、表1の通りである。

四　南通の日常――南通分校と南通地区とのかかわりの組織化へ

南通分校の開校後、四名の教師の赴任と離任を経て（編集部 1996）、濱田夫妻は一九六一年四月に赴任し、幼い二人の娘とともに分校に居住した。その長女によれば、前任者も夫妻で南通分校の教員を務めていたことの名残で、濱田夫妻は分校の子どもたちから「男先生、女先生」と呼ばれていた。[2]濱田は一一年間に渡る南通での教師生活の「原点」として、赴任時のことを次のように語っている。

いろんなことがあった一一年間だったが、この原点は赴任した昭和三六年の春でした。四時三〇分に仕事が終わり、五時から集落の人たちが私の歓迎会をしてくれました。茶碗に焼酎、いかのつまみを食べながら歓迎されていたが、やがて口論が始まり、取っ組み合いに発展しました。他の人たちは驚きもせず笑って見ていたので「おどろかないのですか」と聞いたら「この人たちはお酒が入ると、これが普通になるのだ」と知らされたが、私にとっては一大事だったのです。子どもたちもこのような気持ちなのかと。

そして六月の運動会は村の一大イベントでもあった。子どもたちだけでなく村の人たちが参加し、走りあうものだった。そのあとはやはり、反省会と称した飲み会になりました。そこでも口論、取っ組みあいが始まりました。これを見てようやく、この習慣を正そうと、うちの妻と決心しました。（濱田 2015、濱田のコメントを受けて一部加筆修正）

濱田によれば、住民間の口論の基層をなしたものは、何よりもかれらを取り巻く貧困状況であり、利害衝突も多かった。そこで、濱田はこの出来事を「原点」に、住民たちを貧困から解放することは困難だが、住民間の心の疎通を図ることは教師だからこそできるのではないかと考え（北原 2012）、これを分校教師である自らの取り組むべき課題として理解した。そして、濱田は、分校を住民たちの「心のよりどころ」とすることでこの課題に応えようとした。濱田は、次のように振り返っている。

戸数二十余戸の南通は、親村の老部や小田野沢ではカイコンとかコイッペとよんでいた。年代は若くとても進取の気にあふれ、どの人も気力が充実し、卒直《ママ》で人間性が豊かで新しいムラ作りに燃えていた。

分校の経営はムラに居住しているものでなければ意味がなく、教育の効果も上がらない。新生のムラには因習もなく、心のよりどころとなる社《やしろ》もない。分校こそ、その場として最も適した場ではないのか。分校の行事こそムラの祭であり、ムラ人のまほろばとしなければならない。そんなことから十一年間の勤務の一日たりとも忘れ得ぬ私の思い出であり生きがいであった。（濱田 1981）

濱田のこの発想の背景には、前任校であった東通村立入口中学校野牛分校での勤務経験がある。(3) 濱田は、野牛時代の経験から、「やっぱり村の方たちとのふれあいが多ければ多いほど、何か［子どもへの教育面で］効果がいいみたいだ(4)」として、村づくりの実現を通して初めて子どもたちの人づくりも十全なものとなることを実感していた。だが、野牛とは異なり、南通は歴史の浅い「新生のムラ」（開拓地）で「心のよりどころとなる社」もなかった。そのため、濱田は「分校の行事」を「ムラの祭」として村づくりの中核に据え、「行事を学校でみな一緒にやろうではないか」（濱田 2015）と提案したのだった。以下では、濱田が実践した村づくりの一環としての特徴的な分校行事をいくつか紹介したい。

まず、「親子旅行」である。親子旅行は、春の季節学習として、子どもたちが放課後にわらびを採集し、それを業者に売って得た収益の「わらび基金」から子どもたちの交通費を捻出して、主に八月の親たちの農業があまり忙しくない時期に実施された。訪問地は、青森、十和田湖、弘前、八戸、浅虫・八甲田で（濱田 2013）、のちに若者や中学生も参加する「集落《むら》親睦の大きな行事」（濱田 2015）となった。

次に、「出稼ぎお父さんへお便り会」である。当時はすでに全戸が供米するほどに稲作は進んでいたが、冬季は仕事がなく、父親の多くは出稼ぎをしていた。そのため、濱田は、父親と家族の絆をつなぐためにお便り会を実施した（濱田 2015）。子どもたちは父親に手紙のほか絵や習字を書き、その周囲では母親が昼食をつくり、就学前の子どもたちは遊んでいた[5]。また同様にして、「親子クリスマス」や「ひなまつり」なども地域ぐるみで行われた。

以上の分校行事の他に、分校を南通の「心のよりどころ」にするうえで重要な役割を果たしたのが「学校風呂」である。学校風呂は、文部省（当時）が辺地の補助事業として子どもたちの健康衛生管理のために学校に据え付けた風呂で（河北新報 1986b）、東通村の各学校に設置されていた。南通分校では、濱田が赴任した一九六一年には校舎内にすでに設置されていたが、一九六八年には別棟に移設され、地区住民との共同風呂としても利用された。濱田夫妻は、学校風呂の準備を担い、午前は低学年、午後は高学年、子どもたちの下校後は大人たちが入浴した（濱田 2015）。濱田は、次のように述べている。

ムラの協力でできた学校風呂も忘れ難い。放課後遊びの汗を流して帰った夕方から、入れかわり父や母や兄姉がやってきて一日の汗を流し交流の場となる。ムラの人と裸で話し合えるのは風呂場をおいてない。（濱田 1981）

特に大人たちにとっては、田んぼや子どもたちのことなど、学校風呂での話題は事欠かなかった（河北新報 1986b）。学校風呂は、その後もかつての住民たちが、当時の暮らしを思い返す際の一つの共通のトピックとなっている[6]。

以上のように、分校を南通の「心のよりどころ」にするという濱田自身の課題への応答は、分校行事や学校風呂などの一連の日常的な実践をとおして成し遂げられた。その結果、濱田は、南通分校と南通地区とのかかわりを組織する――すなわち、村づくりと人づくりを統一的に把握する教師として生きることとなった[7]。

濱田夫妻は、こうして一〇年間をかけて南通地区を支えてきたのである。

五　〈核開発〉の浮上と南通の動揺

しかし、〈核開発〉の足音はすでに近づいていた。国の委託を受けた青森県は一九六四年一〇月から翌年一月にかけて東通村白糠前坂下の原野で原発の立地調査を実施し、翌年五月一七日には東通村議会が原発誘致を決議していた。それは、むつ湾小川原湖地域を「原子力産業のメッカ」とした日本工業立地センターの報告書の公表（一九六九年三月）や新全国総合開発計画の閣議決定（同年五月）よりも、ずっと早い段階から動き出していたことになる。だが、このときはまだ原発誘致の話がそれほど大きく取り上げられることはなかった（北原 2012）。

一方、一九六〇年代末頃から、濱田は迫りくるこの開発問題を気にかけつつあった。特にむつ小川原開発の中心舞台（六ヶ所村）が南通と同じく開拓地であり（本書第五章参照）、そこで噴出し始めていた地域的諸問題の向こう側に、南通の暗いゆくすえを予見せざるを得なかったからである。

むつ小川原開発で地域に大きい問題が出て日本中の話題になったので、次は南通になるのかという気がしたわけ。社会的問題がかなりありました。家族の財産の問題、子どもの金銭感覚の問題など、いろんなことが社会問題になった。同じことが南通にも？　と思ったの。(8)

だが、濱田の胸中のざわめきは、次第に現実のものとなる。一九七〇年一月五日に青森県知事の竹内俊吉

写真1　「強大なる圧力（巨大開発の）」と題されたスクラップブック（筆者撮影）

は、茨城県東海村に次ぐ第二の原子力センターが東通村にほぼ内定したことを発表した。またこの発表には、原子力発電所を設けるとの含みがあった。この年の元日の地元紙『東奥日報』では、「繁栄し続けるわが国経済とは無縁のように眠り続けてきた処女地」の終焉を告げる「〝陸奥湾時代〟の幕あけ」なる記事が紙面を躍っていたのだが、濱田は、この記事以後から翌年一二月の分校の廃校に至る直前まで下北半島の開発関連の記事を二冊のノートにスクラップし続け、その表紙には『強大なる圧力（巨大開発の）』と記している（写真1）。このタイトルに、当時の濱田の認識が端的に表れていることは言うまでもない。

県知事の発表は、確かに「寝耳に水の理不尽なもの」だったが、濱田によれば、この段階ではまだ「東通村というだけで南通地区の名前は噂にもな」っていなかった（濱田 2015）。それが南通にも現実味を帯びたのは、同年三月九日に東通村当局が「減反問題と原子力発電所設置」を議題に南通住民と初めて懇談の場を設けた際のことだった。濱田は、当時を次のように振り返っている。

普段は集まりというとみんな学校を使っていたが、あいにく学校は授業中だったので、民家でやりました。私もほんとは聞きたかったのですが授業があって行けなかったのです。「説明会」は山側の一番西側の家でやりました。学校が終わってから急いでみんながいる家に駆け付けたのですが、声もかけられない異様な雰囲気でした。みんな頭を抱えていました。顔は青ざめてひきつって、声も出ないのかだまったままでした。

それは仕方のないことなのです。血のにじむような開拓でつくりあげた集落が崩壊するという話だったので。もうショックと絶望感に打ちのめされていたんだと思いました。（濱田 2015）

初代入植者の馬場によれば、当初の南通住民は、こぞってこれに反対したが（河北新報 1986c）、さまざまな説得が繰り返され、住民間は用地買収の賛否をめぐって次第に二分する。『東奥日報』にも全村立ち退きに対する戸惑いの投書が寄せられた(9)。その後、同誌上では住民の「大部分は協力的な態度」（東奥日報 1970a）との記述も見られたが、用地買収単価額の交渉が七月に始まるとその額面の低さには不満の声も目立った（東奥日報 1970b）。濱田によれば、さらには子どもたちにもこれらの「対立」が「投影」されて「うちは反対だ！　お前の家は賛成だろう！」と口論が生じることもあった（濱田 2015）。だが、南通を含む関係地区は一二月には最終価格提示の一反歩水田五五万円、畑三〇万円、山林原野二〇万円を止むなく受け入れ、以降は用地売買の個別交渉が開始された(10)。一方、同時期に行われた分校の恒例行事「親子クリスマス」への母親の参加は二名のみで、住民は「感情的にも精神的にもピーク」だったのだろう、と濱田は述懐する(11)。そして、翌年一九七一年三月、ついに南通は用地買収の全戸承認へと至ったのだった（東奥日報 1971a）。

しかし、濱田は、南通の動揺の中でも「終始中立の立場」（濱田 2015）を保っていた。それは、自らが開拓民ではない「部外者」であることへの引け目と、自らの「色」（賛否の立場）が子どもや親たちに伝わってしまうことへの配慮にもとづいていた(12)。だが、この判断はのちの濱田に、「一種の逃げでなかったのか。もっと地域に入り込むことが必要ではなかったのか」（河北新報 1986d）という現在にまで至るほどの強い自責の念を抱かせた。先の二冊のスクラップブックは、こうした雁字搦《がんじがら》めの中にありながらも、地域に生きる教師として南通を取り巻く社会情勢を「頭に置かざるを得なかった」[13]濱田自身の静かなもがきの痕跡でもあったのだろう。

他方で、当時の濱田は南通分校での勤続年数がすでに十年を経過しており、教育委員会から転任の意向を問われていた。だが、濱田夫妻に迷いはなかった。濱田は、開発をめぐる問題から子どもたちを守り、子どもたちと南通の「最後」を見届けるために「ここ」に残ることを決意したのだった[14]。

六　南通分校の廃校と南通地区の消滅——南通の「記憶を止める」実践へ

一九七一年になると、いよいよ「一日一日が最後」と感じ始めた濱田は、『ふるさと』（一九七一年三月発行、写真2）というタイトルで文集を作ろうと子どもたちにもちかけた。

写真2　南通地区の全景画を表紙に彩った文集「ふるさと」（筆者撮影）

> 学校や友達。そして先生に対しての気持とか、あるいはお父さんやお母さんのことを書くようにと指導しました。そうなると開拓・田んぼや畑も出てくると思うのですが、そういうことを題材にして、なんでもいいから書いて一冊にしようとまとめたものがこの文集です。（濱田2015）

原稿が完成すると、高学年がガリを切り、子どもたち自身で製本をした。妻のさつ子が記した文集の「後記」によれば、そこには「この一冊の文集が、故郷を思い出す手がかりとなってくれれば」という思いが込められており、濱田夫妻もまたこの制作を手伝った。それから半世紀以上が経った現在もなお、濱田はこれを「教員生活の最大の『宝物』」（濱田 2015）としている。
　濱田は、この文集『ふるさと』の巻頭言として次のように記した。

ふるさとによせて

あれ地だった。見わたすかぎりのあれ地だった。
父や母、兄や姉たちが、夏のあつさに　冬着をまとい
うえと　寒さに　身を寄せ合い　周囲の人々に　あざけられ
無情な大地になやまされ、一くわ　一くわ　伐りおこし、田畑にし、
きみたちをそだてた。〔……〕
ふるさとは「忍耐」と「努力」によって　きずかれた。
ふるさとは　きみたちに　無言のおしえをくれた。「忍耐と、努力」を。
日本のどこに　住もうとも　世界のどこに　住もうとも
ふるさとは　きみたちの　行く先ざきで
いつまでも、きみたちに　ささやき、はげましてくれるだろう。
「忍耐と　努力を　わすれるな、そして　つよく　生きよう。」と。

文集には、原発建設による立ち退きという現実への子どもたちの戸惑いも吐露されている。その多くが親

たちから見聞した開拓と生活の苦労、またそれらを無きものとする原発への嘆きをとおして、自らを育てた南通のかけがえのなさを綴っている。ここでは、ある四年生と六年生の作文を紹介したい。

原子力の話

ぼくが朝起きると、父がテレビの前で考えこんでいました。父の方にいって見たら、原子力のニュースがはいっていました。父はしんけんになって見ていました。ぼくは何もわからないので、父に「原子力なにしたの」ときくと、父は「ここの土地、うれてしまうんだ」といいました。

ぼくは、それを聞いてびっくりしました。するとながしにいた母も来てみていました。その時、外で車の音がしたので、ぼくがいそいでのぞいてみたら、今まで一度もみたこともないりっぱな車がいました。

すると「ごめんください」といって男の人が、二、三人げんかんに入ってきました。ぼくはみたくてたまらないので、少し戸をあけてみたら「銀行のものです」という声が聞こえてきました。

つぎの日、またテレビに原子力のことが入っていました。それから何度もあつまりがありました。ぼくがおとうさんに「とっちゃここにいてが」というと「いてじゃっ」ときげんわるい声がこたえました。ぼそのおとうさんの顔をみながら、ぼくは「うんとえらくなって、こんな原子力のもんだいなど、おこさないようにしたいなあ」と思いました。

わたしたちのふるさと

私の母達が、となり村の小田野沢から、この土地に入植してきたのは昭和二十九年五月二日だったそうです。［……］

それが今、原子力発電所の用地となるため、ここを去らなければならなくなったのです。お父さんやお母さんが私たちを育てながら、きづきあげた村、わたしたちの生まれて育だったふるさとが今、なくなろうとしているのです。

短かったわたしたちのふるさとは、こんどどこに誕生するのでしょう。あまりにもあっけなく、水面に出きるわのように、ぱっと出てきえる村なんかいやです。

私達のふるさとよ、今度生まれる時は何百年も、何千年も長生き出来る土地に生まれてください。

以上のように、得体の知れない原発は大人たちばかりでなく、子どもたちの生きる世界の内部にも浸透し、動揺を生じさせていた。

さらに、濱田は文集とは別に、子どもたちのふるさとの家と周囲の風景を水彩画で色紙に描き、その家なりの言葉を添えて贈呈した（写真3）。それはその後もかつての住民たちの「家宝」（斎藤 1992）となっている。濱田によれば、「一一年間、村の人にお世話になりました。最後に私のできる恩返しがしたい」（濱田 2015）という一心で描き続けたのだという。だが、動機はそれだけではなかった。

南通のことは大人たちはもちろん子供たちも忘れないでしょうが、孫たちになると伝わらないでしょうから、精一杯、私の手書きで記憶を止めようと思ったのです。（編集部 1996，傍点引用者）

写真3　住民に手渡した色紙の下絵（筆者撮影）

濱田は、こうして「強大なる圧力」の下にあっても、南通での日々を「記憶」として水彩画――また文集も同様であろう――に「止め」て、次世代に伝えるべく取り組んだ。それは「終始中立の立場」をとった濱田の〈核開発〉という忘却の力学に対するせめてもの抗いであったに違いない。濱田は、南通の動揺以降も文字どおり最後まで、村づくりと人づくりを統一する教師としてその生を「精一杯」全うしようとしたのである。

しかし、ついに一九七一年九月には住民の転居が始まり、一二月には「廃校式」を挙行するに至る（東奥日報 1971b）。こうして「一六歳の分校はシャボン玉のようにはじけ、二五歳の青年南通ブラクは幻の理想郷（ムラ）となった」（濱田 2013）のだった。[15]

七　もう一つの「ふるさと剥奪」の履歴を伝える――結びに代えて

さて、ここまで南通分校と南通地区の関係史を描いてきた。この両者がまさしく関係史として展開し得たのは、濱田夫妻が両者の接点を――たとえ、〈核開発〉の到来のさなかにあっても――一貫して地域に根ざす教師として生きたからであった。

だが、その後、東通原発の原子炉設置許可が下り、実際に着工されたのは一九九八年のこと。南通分校の廃校式から数えても、およそ四半世紀を待たねばならなかった。この間、住む土地を追われ離散者《ディアスポラ》となった南通の人びとは、近隣の地区に移住して、自らが築き上げた「ふるさと」が刻々と荒廃してゆくさまを横目に日々を過ごしている。その苦悩とは、いかばかりであったろう。

かつての南通地区を表す濱田の手製の地図によれば、南通分校があったその場所は、現在のトントゥビレッジ（東京電力現地事務所）（東通原子力発電所PR施設）の所在地とほとんど合致する。また、そこから程近い東通原子力建設所には「開拓二五年　南通の石」と刻まれた記念碑が安置され、キャプションによってそれが初代入植者の馬場から「寄贈」されたものであることが伝えられている。だが、南通を最後にあとにした馬場にとってそれは「無念」の石碑そのものであった（鎌田・斉藤 2011）。「ふるさと剥奪」が福島原発事故訴訟の一つの焦点となっているこんにち（関 2024）、放射能汚染や避難こそ伴わないが、かつての南通の人びとにとっても、かけがえのない「ふるさと」は剥奪されたままである。

半世紀以上が経った現在もなお、「終始中立の立場」を保ち続けたことを苦悶とともに語る濱田のあの表情と声色を私は決して忘れることができない。濱田のこの全身での問いかけに、私たちは、どのように応えたらよいのだろうか。ここに存在した南通分校と南通地区との濃密なかかわりの経験と、〈核開発〉に対峙した濱田昭三というひとりの教師の生を――すなわち、もう一つの「ふるさと剥奪」の履歴を伝え続けていくことが、あまりにも無知だった私の一つの責任の果たしかたではないか、と今はただそう思っている。

＊付記：本稿は、川尻（2018）をもとに大幅に加筆修正を加えて再構成したものである。

〔注〕

（1）南通地区の開拓史に関する資料は、開拓当事者らの語りを除いては、ほとんど存在しない。本節では以降、特に断りのない場合は、馬場の語りがもっとも集約されている河北新報（1986a）を参照している。

（2）二〇二三年九月三日に行った濱田の長女からの聴き取り。

（3）濱田は、東通村立入口中学校野牛分校に一九五三年一一月に途中採用され（翌年には野牛中学校として独立）、一九六一年三月まで八年間の教師生活を送った（二〇一四年七月二〇日に行った濱田からの聴き取り）。

（4）二〇一六年九月一三日に行った濱田からの聴き取り。

（5）分校行事には就学前の「弟や妹が来てる」場合もあった。濱田は「まだ学校に来てない子どもも一緒になっていれば［……］新しく入学する時期になってもそんなにね、緊張感とかなんとかないで入ってこれる」として、就学前の子どもも教室に招いていた（二〇一四年七月二〇日に行った濱田からの聴き取り）。

（6）たとえば、小田野沢小学校百周年座談会では南通分校の共同風呂が話題になっているし（二本柳ほか 1981）、別稿では元住民の川口よしゑが、「学校に据え付けられた風呂で大人十人は入れた。［……］いろんなことが話し合われみんなの気心が分かり合って本当にたのしかった」（斎藤 1992）と語っている。

（7）その他に、濱田は分校での子どもの様子について母親に共有する「母親学級」や、南通に中卒青年が次第に増えると青年たちから「集まって何かしたい」と相談を受けて主に農閑期に農業や一般知識（ペン字、珠算等）を学ぶ「青年学習」を組織した（二〇一四年七月二〇日に行った濱田からの聴き取り、濱田 2013）。さらに一九六二年には「農業公衆電話」が分校に設置されたが、南通にはその電話しかなく、濱田は住民への電話の取次を一九六七年の有線放送設置まで続けた（濱田から川尻への二〇一八年四月一二日付の私信）。他方で、濱田の長女は、当時は両親に「ほとんど甘えることができなかった」と回想している（二〇二三年九月三日に行った濱田の長女からの聴き取り）。

（8）二〇一八年三月三日に行った濱田からの聴き取り。
（9）馬場は当時の心境として、「墓地に眠る肉親、そして村の社、子弟の教育の場としての分校は年々整備され、忘れられない思いがこもる。山や川、一木一草にいたるまで世界で一番よい故郷だと自負している」などと開拓の苦労とその地に募る思いを投書している（馬場 1970）。
（10）とはいえ、この時点でも女川原発（宮城県）の用地単価の半額に満たなかった（東奥日報 1970c）。
（11）二〇一四年七月二〇日に行った濱田からの聴き取り。
（12）南通の動揺の中で濱田が「一番悲しかったのは、土地の単価の報告をするときに、わたしも参加しようとしたが、部外者だと言われ、退出させられたこと」であった。「たしかに、部外者であるから、当然なのだが、六年も七年も一緒に『先生』をやってきただけに悲しかった」（濱田 2015）と濱田は言う。
（13）二〇一八年三月三日に行った濱田からの聴き取り。
（14）同前。
（15）東通村の住民が原発誘致に疑問を呈し、「白糠地区海を守る会」などの反対運動を組織したのは一九七四年初頭であり、この時点ですでに南通の用地買収は終了していた。当会に参加した教師・穴沢達巳（本書第三章）は、「この［南通における原子力開発公表の］時点で、周辺の部落、教組などが立ち上がるべきであった」と指摘したうえで、「それを組織できないで、南通部落を孤立させてしまった」理由として、「・具体的に話がなかったため、どうなるのか予想がつかないでいたこと／・前に、村議会が決議していたこと／・周辺の原野をもつ地主が、すぐ手ばなしたこと／・開拓の歴史が浅いため、自分たち一代で決定できること／・県知事、村議会、参院と選挙続きのときであったため政治的からみ合いが大きかったこと」（穴沢 1977、注引用者）に言及している。

〔文献〕

穴沢達巳（1977）「原子力発電計画反対の住民の運動」青森県国民教育研究所編『やませ――下北の地域住民・教育運動』、一四～二九頁。

鎌田慧・斉藤光政（2011）『ルポ 下北核半島――原発と基地と人々』岩波書店。

河北新報（1986a）「下北半島 第一部 夢の開拓地・南通2 『土との玉砕』へ 新たな村づくりに燃える」青森県内版、一月三日付、朝刊一二面。

河北新報（1986b）「下北半島 第一部 夢の開拓地・南通4 高まった一体感 共同風呂で裸の付き合い」青森県内版、一月五日付、朝刊一二面。

河北新報（1986c）「下北半島 第一部 夢の開拓地・南通7〝国策〟の名のもと さまざまな形で説得功勢」青森県内版、一月八日付、朝刊八面。

河北新報（1986d）「下北半島 第一部 夢の開拓地・南通11 最後の一人まで 去り行く子供の姿見送る」青森県内版、一月一二日付、朝刊一〇面。

川尻剛士（2018）「原発開発に消えた学校――東通村立小田野沢小学校南通分校教師・濱田昭三に着目して」『民主教育研究所年報』第一八号、三一～四五頁。

北原耕也（2012）『ルポルタージュ 原発ドリーム――下北・東通村の現実』本の泉社。

斎藤作治（1992）「下北の女たち（9）」菊池泰三編『しもきた』第一〇五号、下北じゃあなる社、四二～四五頁。

関礼子（2024）「福島原発事故による『ふるさと』被害」吉村良一・寺西俊一・関礼子編『ノーモア原発公害――最高裁判決と国の責任を問う』旬報社、一二一～一四〇頁。

高屋敷八千代（2014）「東通村に14年――尻労、石持、入口小学校に勤務して」民主教育研究所・青森県国民教育研究所編『寒立馬――「下北調査」中間報告書』六～一三頁。

東奥日報（1970a）「きょうから立ち入り調査 東通村の原電適地 県、年内買収めざす」五月一二日付、朝刊一面。

東奥日報（1970b）「〝暮らしが立つものを〟移転余儀ない南通り部落の表情 安い単価に態度を硬化」七月一九日付、朝刊二面。

東奥日報（1970c）「原電用地買収問題が解決〝川畑案〟地元が了承 知事ら電力と折衝へ 地権者の説得が課題」一二月二五日付、朝刊一面。

東奥日報（1971a）「原電用地の買収大詰め 南通も全戸が承認 残りは二部落で三七人」三月二一日付、朝刊一面。

東奥日報（1971b）「学びやよ！　友よ！　サヨナラ 原電の東通村分校廃校式」一二月一一日付、朝刊六面。

二本柳年甫ほか（1981）「百周年記念座談会　小田野沢小学校百年をふりかえって」小田野沢小学校創立百周年記念誌編集委員会編『創立百周年記念誌　百寿』東通村立小田野沢小学校創立百周年記念事業協賛会、六六～八七頁。

馬場勝雄（1970）「南通開発に望む」『東奥日報』四月二日付、朝刊二面。

濱田昭三（1981）「心のふるさと〝南通〟」小田野沢小学校創立百周年記念誌編集委員会編『創立百周年記念誌　百寿』東通村立小田野沢小学校創立百周年記念事業協賛会、四七～四八頁。

濱田昭三（2013）「原発に消える開拓地の学校」下北調査中間報告会発表メモ、一〇月二七日。

濱田昭三（2015）「原発に消えた開拓地の学校――第三回下北調査・中間報告会（於むつ市）下北調査での講演2013.10.27」青森県国民教育研究所教育図書資料室編『教育情報　青森』第一一七号、三四～四四頁。

編集部（1996）「開発と過疎に消えた学校」斎藤作治・佐々木佐市・都谷森五郎・中村亮嗣・鳴海健太郎・向井宏治編『はまなす』第四号、下北の地域文化研究所・青森国民教育研究所、一〇〇～一〇六頁。

第二章

ぼくの町に原子力船がきた

——「騒動」としての核開発

安藤聡彦

＊中村亮嗣（なかむら・りょうじ）氏

一九三四年、青森県下北郡田名部《たなぶ》町（現むつ市）に生まれる。一九五二年、青森県立田名部高校卒業。以後、歯科技工士、画家として生きた。一九六七年秋にむつ市大湊《おおみなと》港に原子力船の母港化計画が浮上して以降、「むつ市を守る会」代表として反対運動に邁進、その経過を『ぼくの町に原子力船がきた』（岩波新書、一九七七年）にまとめ、上梓した。生涯にわたって核開発を問い、発言を続けた。二〇一六年、青森市にて逝去。

一　はじめに

本章では、原子力船むつをはじめとする下北半島における核開発を問い続け、反対運動の担い手のひとりとして知られた中村亮嗣（一九三四〜二〇一六）に着目し、その初期の運動の記録である『ぼくの町に原子力船がきた』（岩波書店、一九七七年。以下『原子力船』と略記する）を手がかりに、彼が展開した独自の運動の意味について検討することにしたい。

いま、「原子力」という言葉から「原子力爆弾」や「原子力発電所」を連想することはあっても、「原子力船」という言葉を想起する人は多くはあるまい。だが、日本の高度経済成長期は、原子力船開発の時代でもあった。実際、国内では、ソ連の砕氷船レーニンやアメリカの貨客船サヴァンナに次ぐ民生用原子力船の開発が期待されていたし、その「原子力第一船」が一九六九年六月に石川島播磨重工業の東京工場で進水式を行ったときには、皇太子夫妻や佐藤栄作首相らも出席する一大イベントとなった。当初その原子力船は横浜市磯子区に母港を建造する計画だったが、ときの飛鳥田《あすかた》一雄市長に断られ、やむなく青森県むつ市の大湊港を母港――「青森県が受け入れた最初の原子力施設」（吉岡 2011）――とすることになった。この船が「むつ」と命名されたのもそうした経緯があってのことである。

この原子力船むつの開発をめぐっては、開発した技術者側、推進した政治家や行政側、ジャーナリストなど様々な立場から記録やルポルタージュが書かれているが[1]、異議申し立てを行った住民自身による運動の記録という意味で『原子力船』はまことに貴重なドキュメントとなっている。

本章では、この本を通して、中村が取り組んだ独自の核開発反対運動の姿をつかむとともに、氏がどのように自己形成を行いながら、問題を意識化する市民の形成に取り組んだのかをとらえてみたい。そのうえで、本書を読むことの現代的な意味について問題提起することをめざしたい。

以下、『原子力船』を通して中村の運動の検討を行うまえに、原子力船開発と下北半島とのかかわりを簡単にふりかえり、彼の生きた歴史的文脈の概要を整理しておくことにしたい。

二　原子力船開発と下北半島

本書序章で略述したように、戦後日本の核開発は一九五〇年代半ばにスタートした。原子力船は、原子炉や原子燃料とともに開発プログラムに位置づけられてはいたが、「経済性ある原子力商船が近い将来に実現される見通しは現在のところない」（無署名 1957）といった議論も少なくなく、関係者は当初は様子見というスタンスであった。一九五六年一月に発足した原子力委員会は、同年九月に初の「原子力開発利用長期基本計画」を発表したが、原子力船に関する言及は「船舶用原子炉については、わが国における造船および海運の重要性と世界の趨勢とにかんがみ、なるべくすみやかに実用化のための試作に着手することを目標として研究の推進を図るものとする」（原子力委員会 1956）という一文のみであり、原子炉や原子燃料にかかわる具体的な計画との差は歴然としていた。

だが、状況は急速に変化していった。五七年一〇月には原子力委員会が「わが国においてもわが国経済における海運の重要性にかんがみ早急に原子力船の開発を検討する必要がある」（原子力委員会 1957）として原子力船専門部会を設置し、原子力船開発の具体的な方途の検討に着手している。その背景には、原子力潜水艦ノーチラス号の完成（アメリカ、一九五四年九月）をはじめ、砕氷船レーニン号の進水（ソ連、一九五七年一二月）、貨客船サバンナ号の進水（アメリカ、一九五九年七月）等が続き、「原子力によって駆動する船は、もはや夢ではない」といったビジョンが世界で喧伝され始めていた（anon. 1960）ことがあっただろう。一九六一年二月に発表された「原子力開発利用長期計画」（原子力委員会）では、「原子力開発利用の長期見通し」が①原子力発電、②原子力船、③核燃料、④放射線利用、という四本柱として示され、原子力船開発の位置づけが飛躍的に高まり、「原子力第一船の建造」の方針が明示された（原子力委員会 1961）。この方針にもとづき、原子力委員会では「原子力第一船開発基本計画」を策定（一九六三年七月）し、新たに日本原子力船開発事業団（以下、「事業団」）を設立（同八月）して開発体制の整備を行っている。一九六三年一〇月に池田首相と綾部運輸相によって了承された「原子力第一船開発基本計画」によれば、「原子力第一船は、総屯《トン》数約六〇〇〇トン、海洋観測および乗組員の養成に利用できるもの」であり、「計画は昭和三八年度より開始し、昭和四六年度までに終了する」（日本原子力研究所 1995）ものとされた。

以後「原子力第一船」開発は急ピッチで進められようとしたが、様々な問題に直面し、計画には変更につぐ変更が重ねられ、最終的には「廃船」の憂き目を見ることになる。その経緯は、以下の通りである。

1966.8. 事業団、飛鳥田横浜市長に、原子力第一船定係港として、磯子区埋立予定地の分譲を要請。
1967.3. 原子力委員会、「原子力第一船開発基本計画」を改定（海洋観測船を特殊貨物輸送船に変更する、第一船の完成時期を「昭和四六年度末まで」とし、計画終了時期の記述を削除、など）。
1967.7. 飛鳥田市長、事業団の要請に対し「同意できない」旨を回答。
1967.9. 事業団、竹内青森県知事及び河野《こうの》むつ市長に、定係港をむつ市の大湊港にすることへの協力要請。11. 竹内知事・河野市長、定係港建設に同意。

1967.11. 事業団、原子力第一船の建造契約を締結。
1968.4. 事業団、定係港建設工事を開始。
1969.6. 原子力第一船進水、「むつ」と命名。
1970.7. むつ、大湊定係港に着岸、原子炉関連機器の搭載開始。
1971.7. 原子力委員会、「原子力第一船開発基本計画」をみたび改定（完成時期を「昭和四七年度末まで」に延期など）。
1972.4. むつ原子力館が下北埠頭に完成。8. むつ、原子炉部完成し、中性子源及び核燃料装荷。この頃から、陸奥湾内の漁民のあいだで環境汚染への不安が広がる。
1973.8. 科技庁で原子力船「むつ」対策協議会が開催される。10. むつ市で菊池革新市政誕生、菊池新市長は「大湊港への母港設置は間違いであった」と表明。
1974.6. 田中首相、「地元との話し合いがつけばできるだけ早く、外洋で試験をしたい」と発言。八月二六日 深夜、むつ、大湊港を出港。二八日 むつ、初臨界。九月一日 むつ、放射線漏れ。関係自治体や漁業関係者等からの強い反対のために、むつは大湊港に帰港できず、漂流。一〇月一四日 政府、竹内知事、菊池市長、杉山県漁連会長の間で、「原子力船『むつ』の定係港入港後の取り扱いに関しては、入港後、六ヶ月以内に新定係港を決定すると共に、入港後、二年六ヶ月以内に定係港の撤去を完了することを目途として、昭和四九年一一月一日から、その撤去の作業を開始する」という項目を含む「合意協定書」締結。一〇月一五日 むつ、大湊港に帰港。
1975.9. 原子力委員会原子力船懇談会、「当面『むつ』を改修し、開発を軌道に乗せ、国産技術による原子力船建造の貴重な経験を積むことに関係者は最大の努力を傾注すべき」とする報告を提出。

1978.10. むつ、修理のために長崎県の佐世保港に回航。現地の漁民や市民の大反対にあう。
1980.8. 科技庁、大湊港をむつの定係港として引き続き利用することを青森県に打診するが、県は拒否。
1981.5. 政府、青森県、むつ市、県漁連、事業団、「むつ市関根浜に新母港を建設する」「新母港建設の見通しを確認のうえ、むつを大湊港に入港させる」「大湊港は新母港の完成後撤去する」という内容からなる五者共同声明を発表。
1982.9. むつ、大湊港に入港。
1984.1. 自民党科学技術部会、むつ廃船を決定。関根浜新港については工事開始。
1985.3. 中曽根首相及び山下運輸相、むつは「概ね一年を目途とする実験航海終了後直ちに関根浜新定係港において解役する」ことを決定。
1987.12. 関根浜新定係港、完工。
1988.1. むつ、大湊港から関根浜定係港へ。
1990.7. むつ、実験航海のために関根浜定係港を出港。以後、九一年一二月までのあいだに四次にわたる航海を実施。
1992.9. むつの解体工事、開始。
1995.6. 海洋技術センターへ船体引き渡し。
1996.7. むつ開発の足跡を展示するむつ科学技術館がむつ市関根浜に開館。

「原子力第一船」として華々しくスタートしたむつは、大湊でも佐世保でも関根浜でも受け入れを拒否され続け、最後は心臓部に当たる原子炉を取り出され消滅するに至った(2)。まさに「天下鳴動して廃船一隻」

(中村 1985) である。では、中村はこの原子力船開発に対して何を考え、どのような運動を行ったのであろうか。『原子力船』を通してそこに探ってみたい。

三　中村亮嗣のプロフィールと『原子力船』刊行の由来

まず、そもそも中村亮嗣とはどういう人物であったのかを確認しておくことにしよう。中村は自らの履歴について『原子力船』で以下のように説明している。

ぼくは昭和九年にまだ軌道馬車が走っていた田名部町に生まれ、田名部高校を卒業したが、少年時代から夢として画家を志していた、しかし、当面は技術を身につけたほうがよいということで、美術の先生のお世話で歯科技工士になった。

だが、やはり美術をはじめとする文化芸術活動への思いは強く、「美術グループ『彩葉』に所属し、美しい下北の風土を描く郷土画家である」とともに、「人形劇団『山鳩』の団員でもあり、下北唯一の混成合唱団『ウェンズデー・コーラス』では、バスを担当」(秋元 1979) する、といった日々を送っていたという。

こうした技術者であり芸術愛好家である中村の人生は、ある新聞報道によって一変する。『原子力船』の冒頭は、次のような記述で始まる。

むつ製鉄の話題も忘れかけた昭和四二年頃、ぼくにとっての一番の関心事はむつ市の美術グループ

「彩葉」の再建であった。幸いにも浅枝青田先生らの指導がえられ、近所にある紅服装学院の一室を借り毎週火曜日の夜、高校の後輩の堀江和夫君らの若い仲間といっしょに、むつ市の美術ムードづくりにはげんでいた。そしてグループで釜伏山《かまぶせやま》登山をかねスケッチに行ったのが、九月三日の日曜日。むつ市に原子力船の母港設置の報道があったのはその数日前である。

釜伏山の上から眼下に美しい市街を見下ろし、この平和な町もやはり公害から逃れることはできずに汚されるのだろうかと考えると情けなくなった。そして「本当に原子力船がくるんだろうか」と山の道を歩きながら話し合った。

『原子力船』は、このような原子力船来港の予兆から書き起こされ、最後は放射線漏れを起こし見通しが立たないむつの姿を描いて終わっている。その約一〇年間の中村自身の運動や思考の推移を入念に書き込んだのがこの本である。では、中村亮嗣というひとりの市民による原子力船開発反対運動の記録がなぜ岩波新書の一冊として上梓されることになったのか。

『原子力船』は、季刊同人誌『下北文化』の創刊号から第六号にかけて連載された中村自身の「キャンバスと原子力」というエッセイがもとになっている。やや不思議なタイトルであるが、上述のような中村のプロフィールを知れば、その理由は推察できそうだ。この『下北文化』という雑誌は、下北における「みんなの発言の場」を確保し、「脱中央文化」「地域文化」を創造し、下北の「共有財産」をかたちづくるために、元青森県教組委員長の秋元良治らによって一九七三年二月に創刊された「総合雑誌」である（鐙 1973）。中村もその検討段階からかかわっていたようで、「以前から原子力船反対住民運動のレポートをまとめておかなければならないと思っていた矢先であったし、レポートを発表することによって一人でもわれわれの運動に理解者ができればよいと思」って原稿を書きはじめたという。中村の文章を読んだ秋元は「この内容は、人間、中村亮嗣以外には書けない」（秋元 1975）と感銘を受け、「いつでも単行本として出せるようにまとめておいたら」と提案、中村は六号までの連載が終わったところで、それまでの連載をもとに『キャンバスと原子力――原子力船〝むつ〟をめぐる住民運動のレポート』というブックレットを新たに書き起こし、設立されたばかりの「日本科学者会議青森県支部下北分会」から刊行したのだった（中村 1975）。このブックレットが「岩波書店新書編集部の目にとまり」、『原子力船』の刊行へと至ったと中村は記している。このように、岩波新書『ぼくの町に原子力船がきた』は下北文化社同人たちをはじめ、地域の文化人・知識人たちの熱意によって生み出された、と言えるだろう[3]。

四　『原子力船』で記録されていること

ここから『原子力船』の内容を見てみることにしよう。

先述のように、この本は大湊港が原子力船の母港になりそうだという報道がなされはじめた一九六七年秋から記述が始まっている。当時、下北開発の目玉として設立認可（一九六三年）されたむつ製鉄株式会社が企業化を断念（六五年春）することとなり、むつ市民の開発への期待は裏切られる形となっていた。そこに、新たに建造する原子力船の母港をもってくるという提案が事業団からなされ、「今度こそ発展の好機」という期待が高まり、地元紙もそれを煽りはじめていた。中村はそうした動きを最初から覚めた目で見ていたのだが、かといって革新政党や労働組合が立ち上げた反対組織には関心こそ示せど、ただちに入り込もうとはしない。そんな彼が注目したのは、ひとりの若者がはじめたユニークな取り組みだった。

翌日、「原子力船母港に反対しよう、原子力からむつ市を守る会」という墨汁で書いた素人っぽいポスターが貼られているのを見た。町名番地電話番号だけのポスターだ。昨年クリスマスに同じ町内にある教会へぼくの描いた油絵を一点寄贈したことがあり、そこの牧師の息子が平和運動をしているという話を聞いたことがある。彼かもしれない。これからの市民運動は既成の組織よりむしろ自由な若いエネルギーが中心になるのも時代の要求だ。早速ダイヤルをまわす。そして教会と幼稚園をかねる事務所を訪ねたのは静かな秋の晩。やはり思っていたとおりの若者、松井真君だった。すぐに今後のことについていろいろと話をし、まずは明後日の晩、原子力推進派の講演会にいっしょに出かけ、ポスターを書くことを決める。

以後中村は「むつ市を守る会代表」という肩書きで一貫して原子力船問題にかかわっていくことになった。しばらくは松井と二人三脚で、一九六九年四月に松井が東京の大学に進学して以降は実質的には中村がひとりで、反対運動に取り組んでいる。『原子力船』は、そうした運動の正確な歴史的記述というより、自ら取り組んだこと、そこで生じた状況、その際抱いた感情等について自由に書き記す運動日誌といったドキュメントである。そのようにして全編二三五頁の新書に記録された中村自身の活動は、ほぼ以下のようなものである。

＊独自の情報収集と学習にもとづき、開発事業の問題点を抉り出し、市民にビラや書き物を通して伝える。
＊様々な立場の集会に参加し、情報収集や学習を行いつつ、自らの見解を提示する。
＊開発事業の責任主体（原子力船開発事業団、むつ市・青森県当局）に面会を求め、徹底的な討論を行う。
＊下北半島に巨大開発構想や原発立地計画が押し寄せるなかで、以上の活動をさらに拡大するために、複数

の地域団体（下北の郷土と生活を守る会、日本科学者会議青森支部下北分会等）設立に参加し、学習会の組織化や広報を担う。

本章において筆者が試みたいのは、こうした一連の運動を通して中村は結局何をしていたのか、その意味はどこにあったのかの考察である。そこで、彼が取り組んだいくつかの実践にフォーカスして、そこから見えてくるものを検討してみたい。

問題を意識化する主体の自己形成

『原子力船』を通読して痛感するのは、中村の知識や関心の広さと国内外の動向から日常生活の細部にまで及ぶ観察眼の細やかさである。ダヴィンチ、アインシュタイン、ガモフ、湯川秀樹、手塚治虫、ディズニー、オットー・ハーン等々、『原子力船』には様々な知識人や芸術家たちの名前が登場し、彼自身の思考と結び付けて展開される。また核開発を中心に国内外の政治動向から地元の「商店の主人」や「カッチャ」の言葉まで注目し、それを手がかりとして自らの思考や行動のあり方を検討している。

中村が引用している彼自身の新聞投稿記事を見てみよう。これは、大湊母港化計画が報道された直後（一九六七年九月一八日）に彼が地元紙『東奥日報』に投稿した「原子力船母港への疑問」という記事である。

（「原子力第一船」の開発主体である原子力船開発＝引用者・注）事業団の説明では、万が一の場合は半径五〇メートル離れておれば大丈夫だというが、昭和三九年のY紙によれば、東大の中村誠太郎助教授は、アメリカの原子力潜水艦シーウルフ号の事故があったとされ、大体これらの事故は風下五〇キロぐらいまで危険を及ぼす可能性があるという。現在は技術が進んでいるとはいえ同じ加圧式エンジンを使って五〇メートルと五〇キロとでは大きな差があり、素人に対してなにか隠しているのではないかと、不安をいだく。

もし本当に平和利用でガラス張りの中での計画ならば、一〇年も前からの計画、そして母港の大切さがこんなにも重要ならば、何年か前から予定候補地として通知があってもよいはず、そこになにか軍事的なにおいがしないわけでもない。何ヶ月か前のニュースでは原子炉かなんかの候補地として、下北郡東通村があげられたということを聞いたことがあるが、このむつ市が二番目の中に入っていたならば住民になんらかの形で通知があってよいと思う。

それにむつ製鉄、ビート問題など、政府の甘言にだまされたという感情があまりも強い。母港について結構ずくめの話は気持が悪いとは、いつわらざる住民の心理だ。本当に平和のため、そして近代科学のため一〇〇年の計画をもって行うならば、何年かゆっくり話しあってその後に行うべきだ。

将来、原子力南極船も予定に入っているという。昭和三三年九月、ジュネーブ会議開会演説でペラン議長は、後進諸国は原子力平和利用をあせってはならないこと、むやみに急いでもだめで、地道な積上げをしなければならないとのべている。このことばをかみしめてみたい。

ここで驚くのは、母港化構想が浮上した直後の時点で、彼が原子力問題についての豊富な知識を有しており、それをもとに開発される側の地域に生きる人間として、自らの批判的見解を明確に述べている点である。「東大の中村誠太郎助教授は、…これらの事故は風下五〇キロぐらいまで危険を及ぼす可能性があるという」、「昭和三三年九月ジュネーブ会議開会演説で、ペラン議長は、後進諸国は原子力平和利用をあせってはならないこと…を述べている」。現在のように、スマホひとつで膨大な情報にアクセスできる時代とは異なる一九六〇年代半ばにおいて、中村はどのようにしてこうした情報や知識を取得していたのか。
手がかりは、『原子力船』のなかで中村が自ら記している若き日々の回想にあるように思う。やや長いが、中村の自己形成プロセスを理解する重要な部分なので、引いておくことにしたい。

　夜は、（歯科技工士になることを示唆してくれた美術の先生である＝引用者・注）浅枝青田先生のところにお邪魔してはいろいろと話しこんだものだった。先生は「これからの絵かきは、ただ絵をかくだけではだめだ。画家は社会のトップに立ってみんなをリードしていかなくてはならない。その精神は、画家で科学者だったレオナルド・ダ・ビンチ以来、四世紀も空白になっている。それをわれわれがやらなければならない。西洋の文学者の集りでは、文学の講義もやるのかと思うと、すぐ黒板に数式なんか書いて数学や科学の話をはじめるそうだね。それが西洋の文学の重厚さを出しているんじゃないかな。これからは科学の時代だ。まず科学の勉強をしなくては…」と語り、新鮮でつきない科学の話題は、少年から青年への過渡期にあるぼくにはどこまでも面白かった。（湯川秀樹が少年時代に老荘思想に感激したという記事から、老荘思想と西欧思想との比較になり＝引用者・注）その頃来日したロシア系アメリカ人のガモフ博士のことなど話題がつぎからつぎへと出てきて、いつも夜中になってしまうのだった。われわれは空想の翼を伸し、さらに話題を広げて行った。ぼくは原子力の記事のスクラップをつくり、書店にある原子力関係の科学雑誌はポケットマネーのあるかぎり買い、『ガモフ全集』などで本棚をかざるようになった。（傍点＝引用者）

今回、この原稿を準備する過程で、中村のご遺族の協力によって、筆者は氏の生前の自宅を訪問する機会

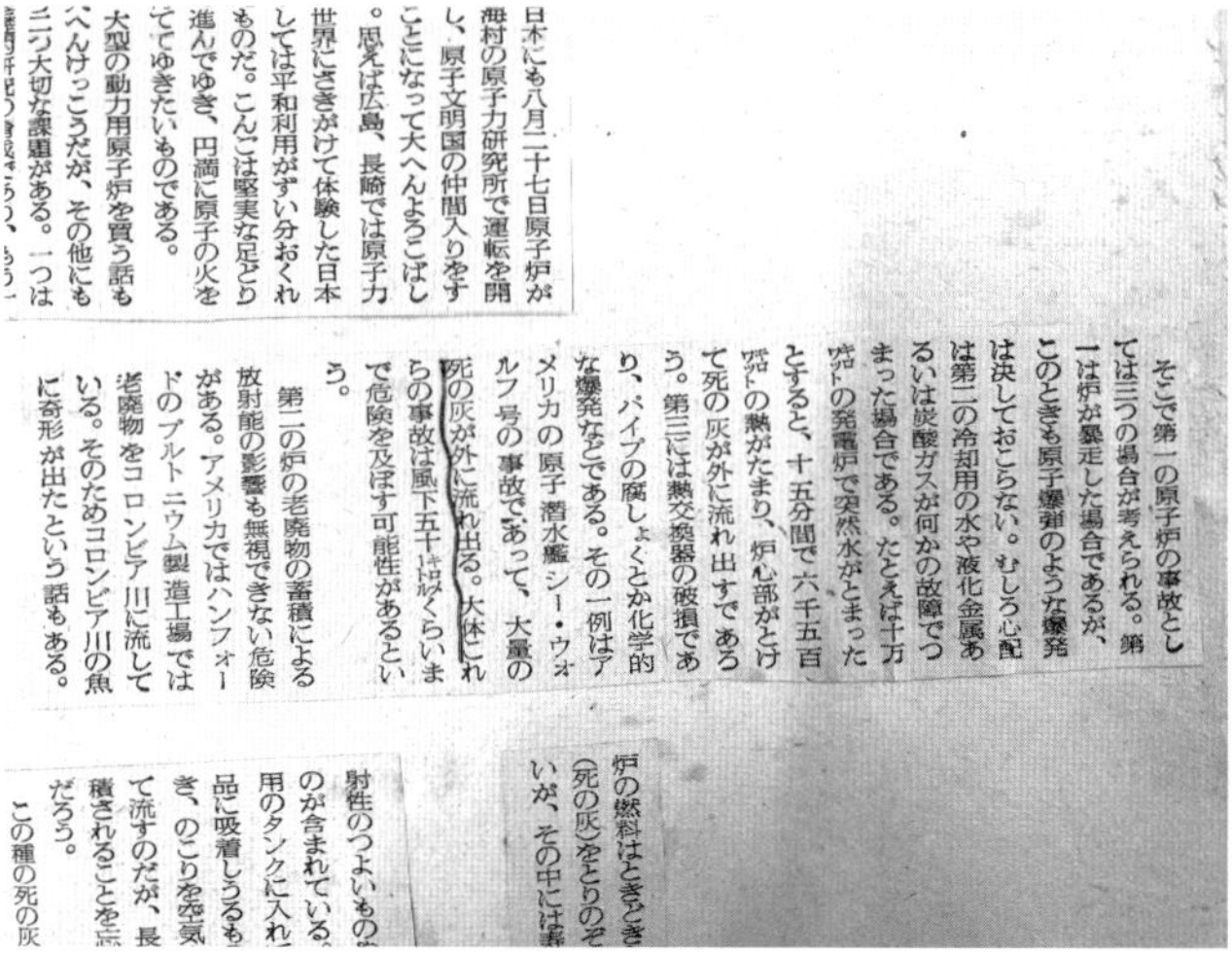

そこで第一の原子炉の事故としては三つの場合が考えられる。第一は炉が暴走した場合であるが、このときも原子爆弾のような爆発は決しておこらない。むしろ心配は第二の冷却用の水や液化金属あるいは炭酸ガスが何かの故障でつまった場合である。たとえば十万キロワットの発電炉で突然水がとまったとすると、十五分間で六千五百キロワットの熱がたまり、炉心部がとけて死の灰が外に流れ出すであろう。第三には熱交換器の破損であり、パイプの腐しょくとか化学的な爆発などである。その一例はアメリカの原子潜水艦シー・ウォルフ号の事故であって、大量の死の灰が外に流れ出る。大体これらの事故は風下五十キロメートルくらいまで危険を及ぼす可能性があるという。

第二の炉の老廃物の蓄積による放射能の影響も無視できない危険がある。アメリカではハンフォードのプルトニウム製造工場では老廃物をコロンビア川に流している。そのためコロンビア川の魚に奇形が出たという話もある。

日本にも八月二十七日原子炉が
海村の原子力研究所で運転を開
し、原子文明国の仲間入りをす
ことになって大へんよろこばし
。思えば広島、長崎では原子力
世界にさきがけて体験した日本
しては平和利用がずい分おくれ
ものだ。こんごは堅実な足どり
進んでゆき、円満に原子の火を
そてゆきたいものである。
大型の動力用原子炉を買う話も
へんけっこうだが、その他にも
二つ大切な課題がある。一つは

炉の燃料はときどき
(死の灰)をとりのぞ
いが、その中には

射性のつよいもの
のが含まれている。
用のタンクに入れ
品に吸着しうるも
き、のこりを空気
て流すのだが、長
積されることを忘
だろう。
この種の死の灰

図1　中村誠太郎「障害対策を忘れるな　原子の火を育てるために」（出典不記載）

を得た。そこには「原子力関係の科学雑誌」や「『ガモフ全集』など」をはじめ、たくさんのスクラップブックが残されていた。とりわけ筆者が注目したのは、中村が遺した膨大なスクラップブックである。そこには文化・芸術や政治、スポーツなど様々なトピックについて新聞記事――英字新聞の記事も少なからずある――のスクラップがつくられており、核開発についても一九五〇年代半ばから記事が保存されていることを確認することができた。「原子力船母港への疑問」で言及されていた原子核物理学者・中村誠太郎の記事も、「ジュネーブ会議（第二回原子力平和利用会議）」の記事もたしかにスクラップされており、しかもさきの記事で引用された部分には傍線が引かれていた（図１）。

ジュネーブ会議の記事のすぐ近くには、同じ会議において日本代表が南アメリカへの移民用に原子力船の建造を検討しているとの報告をしたという記事も貼り付けられている。同時に、同会議での議論が「あまりにも〝技術的〟に傾」いていることへの「不安」を述べた論説記事も保存されている。おそらく中村は、一九五〇年代半ばから急激に進んでいった国内外の核開発を背景として、新聞に頻繁に掲載されるようになった核開発そのものの動向やそれをめぐる論評、さらに開発の背後にある物理学理論の紹介などに関心を抱き、次から次へとスクラップをつくっていったのではないかと推察される。日々複数の新聞を読み、考えをめぐらせ、これと思った記事を切り抜き、スクラップブックに貼り付け、何新聞何月何日といった情報を書き込む――そうした一連のプロセスが中村にとっては核開発の世界、核開発を含み込んで展開する光と影の輻輳する現代社会、を認識する学習過程であり、「主体として歴史に関わっていくことを可能」にする「意識化」（フレイレ 2011）の主体として自己形成する営みであったと言いうるだろう。

問題を意識化する他者の形成

中村はこのように問題を意識化する主体としての自己形成を行いながら、そこで自ら気づいた問題を他者に伝達することを契機として、他者もまた意識化の主体として形成されることを企図していた。その他者には一般の市民ばかりでなく、原子力船開発事業団や政治家・行政関係者など、開発側の立場にある人々も含まれる。伝達の手法としては、さきに見た新聞投稿記事のようなまとまった文書のほか、チラシの作成配布、そして学習会の開催や直接的な討論、といった手法が用いられていた。中村はとりわけチラシを重視し、『原子力船』でもほぼ全編にわたってチラシにかかわる書き込みを行っている。

中村が代表を務めた「むつ市を守る会」は、大湊港母港化決定前（一九六七年一〇月）からむつの強行出港（一九七四年八月二五日）直後まで七年間で三四号（及び二度の号外）のチラシを作成配布している。中村の自宅には、これらのチラシも大型のスクラップブックに貼り付けて保存されていた。

> 科学の時代にあわせてチラシの文は横書きにするようにした。公式の文は次第に横書きになっているし、科学的なイメージと、数字を入れやすいことなど、新しい時代の先端を行くセンスを表わすために絶対

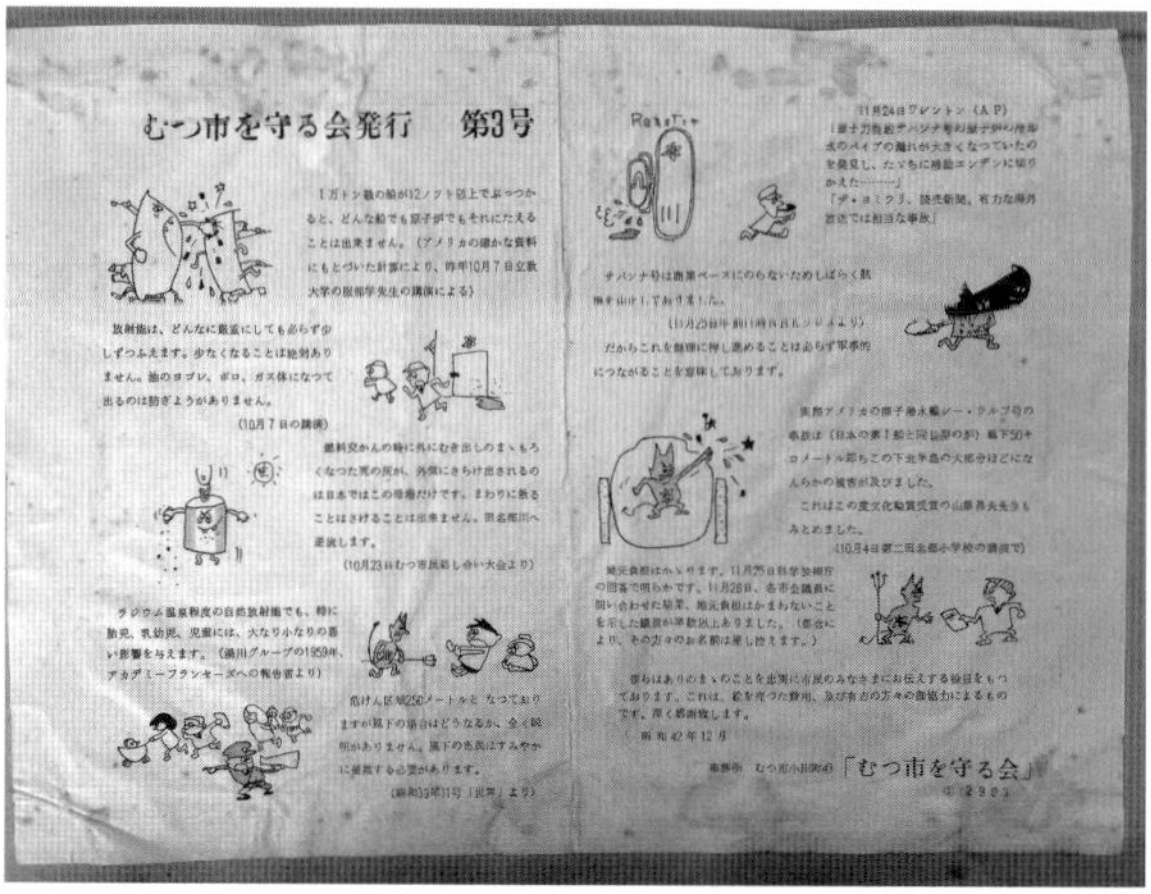

図2 「むつ市を守る会」発行チラシ第3号、1967年12月

に必要だ。そして文章は、できるだけ専門的なことや抽象的なことをさけ、具体的に、平易に、それも客観的な事実に基づいてまとめることを心がけた。

中村は身銭を切ってこれらのチラシの作成・印刷・新聞折り込みをやっていた。だから、それほど金をかけることはできない。とはいえ、より魅力的な紙面をつくるために、そこに自らの画家的素養を活かして、彼は様々な意匠を凝らしたチラシを作成しようとする（図２）。

一般市民は、でたらめでもきれいで金のかかったパンフレットは信用するが、本当のことでもガリ版やタイプ版ではなかなか信用しない。ぼくらも事業団以上のチラシを出したら信用されるかもしれない。以前から自分で描いたマンガを凸版のカラーで印刷してみたいという夢があった。特別な上質紙に二色刷で本格的なチラシをつくろうと思った（中略）。ボーナスも貯金もすべてはたいて、マンガ入りのうすいグリーンのチラシが八千枚刷り上がった（後略）。

こうしたチラシをつくりながら、中村は何を考えていたのであろうか。彼は、青森県知事に対しても自らの批判的見解を率直に述べる「権力に対する恐怖心を知らない戦後っ子の松井君」を誉めながらも、「自衛隊の影響が強い保守的ムードのこの町」でそれが誰にでもできるわけではないことも熟知している。だから「とにかく住民運動は弱い住民の立場に立って、おじいちゃん、おばあちゃんと同じ気持ちになって行うことが大切」であり、「チラシをつくるなら、字数を少なく簡潔に、そして弱く」書く、「とにかく弱くても続ける」ことが大事なのだと考える。その結果市民が「なにかを感じはじめ」、「無意識のうちに理解」するようになり、やがて「もとからその地で育った人こそが主人公にな」る、と彼は展望したのである。

中村は、チラシの作成配布を通して問題を意識化する他者の形成をめざしていたのであり、学習会等での発言、開発主体との討議（厳しい討議が多かったが、むつの船員たちと「個人的なお茶会」を開いたり、油絵の個展に事業団職員を招待したりしているところは印象深い）、そして地域団体の設立といった取り組みも、すべてその他者形成――さらに他者と自己との相互形成――を広げ、深めるための手立てであったと理解することができる。

「キャンバス」の持つ意味

ひとりの医療技術者として働き単身生活を送りながら、政官財学あげての巨大プロジェクトに対してここまでみてきたような運動を担いつづけることは、中村にとって決して容易なことではなかった。『原子力船』では、そうした彼の苦しい心情もたびたび吐露されている。

眠れない夜のために目はひっこみ、食欲はなくなり、キャベツばかり食べる。相当疲労がたまっていたらしい。はやりの感冒にあっけなくやられ、その後一ヶ月以上も身体は重く疲れる。まるで他人の体のようだ。しかし住民運動は、家庭の事情にも関係なくスケジュールどおり進めてゆかなければならない。

だが、『原子力船』には悲痛なトーンが全くない。本書に差し込まれている中村自身の描いた数葉のスケッチのように、最初から最後まで穏やかなムードに包まれている。不思議に思って、あらためて本書を読み返してみて、次のような記述に目がとまった。

このようなくさっている気持をいくらかでもやわらげてくれるものがあった。むつ公民館で水彩画教室を受け持っていることである。（中略）月二回子どもたちと野外写生をしたり室内静物を描くことにした。子どもたちに教えるというよりもむしろ教わることが多い。それは失われていた子どもの頃のイメージである。ピカソは、だんだん子どもの時へのあこがれが強くなると言っていた。こうして、幼稚園から小学校までの元気いっぱいの子どもたちと一緒に絵を描いている時、自分は決して孤独ではない。こんなにすばらしい友だちがいると思うと力づけられる。また過密スケジュールにしめつけられている時の唯一の息ぬきでもあったし、憂うつな気分をそこで吹きとばしてくれるのであった。

このくだりを読んだとき、筆者はふとルソーの『孤独な散歩者の夢想』（一七七八年）の一節を思い出した。

人のいないところに新しい植物を捜しに出かける楽しみのうちには迫害者からのがれる喜びがひそんでいる。（ルソー 1960）

『原子力船』のあちこちには、多忙な仕事や運動の合間をぬって、地域のサークル活動に邁進する中村の姿が描き込まれている。中村にとって、水彩画教室をはじめとする絵画活動やその他の芸術文化活動――すなわち彼にとっての「キャンバス」――は、核開発と対峙しつつも、自分を見失うことなく、自分自身を生き抜く力の源泉であった。

五　いま、あらためて『原子力船』を読むことの意味

大湊港から車で走ることおよそ二〇分、陸奥湾の反対側にある津軽海峡に面したむつ市関根浜。原子力船むつは、最終的にここにある関根浜港に回航され、一九九五年に解体された。現在では、港の横にむつの船体を模したむつ科学技術館がたっており、むつから取り出された原子炉をはじめ、操舵室や制御室などが「むつメモリアル」として展示されている。「原子力船『むつ』の歴史」と書かれた長いパネルには、一九六三年の日本原子力船開発事業団設立から一九九五年の海洋科学技術センターへの船体引き渡しに至る歩みが淡々と記述されている。

大湊港に近い中村の自宅で氏が遺した資料を閲覧したあと、久しぶりにこの技術館に立ち寄ってみた。中村が遺した資料はあたかもむつ問題にかかわる様々な人々の声が吹き出してくるようであったので、技術館全体を支配している沈黙がまことに印象的であった。そして、それはこの技術館のみならず、日本の核開発にかかわる普及啓発施設に共通する特徴であることに思い至った。

戦後日本の核開発は、当初から知識の普及啓発を重視していた。一九五八年には水戸市に茨城県立原子力館が開館し、その後各地の原発にも同様の施設が建設されていく。一九五九年夏には自民党国会議員らが中

心となって「原子力利用普及協議会」が発足している。原子力船むつにかかわっても、一九七二年には「むつ原子力館」、一九八三年には「佐世保原子力船展示館」が、それぞれ設立されている。そうした施設や団体は、発信する「知識」の内容は異なっていても、「科学技術の先端を行く原子力の研究と開発及びその平和利用に関する諸問題を平易に解説して、各界各層にその知識を普及して、日本の発展に貢献」（小金 1958）しようとしている点では一致している。そこにおいて、核開発は「日本の発展に貢献」する「先端」の「知識」の単線的な発展として絶えず語られ、その「知識」にふれる者には理解が求められる――それはフレイレの指摘する「銀行型教育」（フレイレ 2011）としてなされざるをえない――ことになる。語られるのは単一のストーリーのみであり、その他のあらゆるストーリーは排除され、沈黙が支配する。

『ぼくの町に原子力船がきた』は、その沈黙を打ち破り、むつ科学技術館が排除したあらゆるストーリーにいまいちど生命を吹き込み、むつの開発史が「騒動」（吉岡 2011）でしかありえなかった歴史的現実に人々を連れ戻すことになる。それは、下北半島が核開発のために存在してきたわけでもないし、これからもそうであるべきではない、という真実に私たちをあらためて立ち会わせてくれることだろう。

だからいま、あらためて『原子力船』は読まれねばならない、と思う、下北半島で、各地の核開発地域で、そして全国で。

〔注〕

（1）文献ではないが、土本典昭監督の『海盗り――下北半島・浜関根』（一九八四年）は、原子力船むつの関根浜母港化をめぐる紛争を描いた貴重な記録映画である。中村亮嗣は、この映画製作に「協力」という形で参加している。

（2）原子炉を撤去されたむつは、ディーゼル機関を搭載され、「海洋地球研究船みらい」として「生まれ変わり」、現在でも利用されている。https://www.jamstec.go.jp/j/about/equipment/ships/mirai.html（2024/7/4最終閲覧）

（3）『下北文化』は「総合雑誌」を標榜していたので、必ずしもむつ問題についての記事が豊富に掲載されていたわけではない。ただ、同紙創刊号で「下北半島史の問題点」を執筆し「地域現代史の視点」として「大湊・大畑線（ローカル線）の廃止の問題」、「原子力船の問題」、「『むつ・小川原』の巨大開発の問題」をあげ（鳴海 1973）、後に『原子力船むつ関係略年表』（北方文化研究会 1975）をまとめた地域史研究者の鳴海健太郎や、本書第三章で論じる穴沢達巳など、多くの同人たちがむつ問題をはじめとする核開発について強い関心を抱いていたことが予想される。

〔文献〕

秋元良治（1975）「美しい下北と人類の平和を」中村亮嗣『キャンバスと原子力——原子力船〝むつ〟をめぐる住民運動のレポート』日本科学者会議青森県支部下北分会、九七～九八頁。

秋元良治（1979）『輪と和の中で（下）』北の街社。

鐙良八（1973）「雑誌『下北文化』の刊行にあたって——その文化的意義」『下北文化』創刊号、下北文化社、二～四頁。

原子力委員会（1956）「原子力開発利用長期基本計画」『原子力委員会月報』第一巻第五号、科学技術庁原子力局、四～一一頁。

原子力委員会（1957）「原子力委員会の新専門部会の設置について」『原子力委員会月報』第二巻第一一号、科学技術庁原子力局、四頁。

原子力委員会（1961）「原子力開発利用長期計画」『原子力委員会月報』第六巻第二号、科学技術庁原子力局、二～三九頁。

小金義照（1959）「創刊の辞」『みんなの原子力』第一号、原子力利用普及協議会、二頁。

中村亮嗣（1975）『キャンバスと原子力——原子力船〝むつ〟をめぐる住民運動のレポート』日本科学者会議青森県支部

下北分会。

中村亮嗣（1977）『ぼくの町に原子力船がきた』岩波書店。

中村亮嗣（1985）『天下鳴動して廃船一隻――〝むつ〟にやられた鈴木首相と中川長官／原子力船〝むつ〟の30年』核のゴミ捨て場に未来はない！あずましい青森を作る住民の会。

鳴海健太郎（1973）「下北半島史の問題点」『下北文化』創刊号、下北文化社、一二〜一七頁。

日本原子力研究所「原子力船開発の歴史」編集委員会編（1995）『原子力船開発の歴史』日本原子力研究所。

フレイレ（2011）『新訳・被抑圧者のための教育学』三砂ちづる訳、亜紀書房。

北方文化研究会編（1975）『原子力船むつ関係略年表　現代史の規定要因としての原子力問題を考えるために』北方文化研究会。

無署名（1957）「内外の原子力船開発利用計画の事情」『会報』第一巻第一号、原子力船調査会、三四〜六一頁。

吉岡斉（2011）『新版・原子力の社会史――その日本的展開』朝日新聞出版。

ルソー（1960）『孤独な散歩者の夢想』今野一雄訳、岩波書店。

anon. (1961) "NEUCLEAR SHIPS AND THEIR SAFETY", International Atomic Energy Agency Bulletin, Vol. 3 no. 2, IAEA, pp. 11-16.

第三章

教師として地域に生きる

──「生活台」としての東通村・白糠

古里貴士

＊穴沢達巳（あなざわ・たつみ）氏
一九三四年、青森県下北郡大畑町（現むつ市）生まれ。一九五五年に弘前大学を卒業後、大畑町立二枚橋小学校で教員生活を開始し、風間浦村立下風呂小学校、大間町立大間小学校、東通村立白糠小学校に勤務。生活綴方に取り組み、学級文集『はまべの子』（二枚橋小）、『青空』（下風呂小）、一枚文集『四年三組』（大間小学校）、学級文集『ふるさと』（白糠小学校）などを発行。また、「白糠地区海を守る会」に参加、事務局員をになった。一九七八年、逝去。

一　綴方教師・穴沢達巳

本章で取り上げる穴沢達巳は、一九五五年に小学校教員として教壇に立ちはじめてから、一九七八年に小学校教員のまま急逝するまで、一貫して生活綴方に取り組んだ教師であった。やや長いが、教育学者の中内敏夫による「生活綴方」の説明を紹介すると、「生活綴方はリアリズムの系譜に属する教育の方法のひとつである。一九二〇年代から三〇年代にかけてのころに、日本の教師によって自然発生的につくりだされ、今日にいたる歴史のなかでひろく知られるようになった教育の方法である。その方法上の特徴は、子どもに、ひとまとまりの生活語による文章をリアルに書かせることを、教育方法上にとりたてて重視する点にある」（中内 1976）という。こうした「生活綴方」に意識的に取り組む教師のことを、一般に「綴方教師」と呼んでいるが、穴沢はまさに「綴方教師」であった。

この生活綴方の原型は高知の小砂丘《ささおか》忠義（一八九七〜一九三七）による実践にあるとされるが、戦前日本の農村の疲弊が進む中で、東北地方で広く取り組まれた。このような「十五年戦争のさ中、『中央』から『米と女郎と兵士』の供給地とされてきた東北の過酷な地域・社会環境（北方『生活台』）に生きる子どもの『野性』に信頼し、子どもたちが己の生活それ自身をありのままに書き綴りながら、事実を鋭く掴み、生活現実をリアルに見つめ表現することを励まし、確かな生活認識・社会認識を育て、また学級文集を読みあい、現実を学びあいわかりあう世界を求め、互いの協働と自治、生活意欲を高めようとした昭和戦前期東北の教師たちの生活綴方実践運動」は、「北方性教育運動」と呼ばれた（土屋 2020）。

「北方性教育運動」と呼ばれるときは、昭和戦前期に限定して呼ばれることが多いが、その水脈は戦後まで流れ続けており、青森県においても、生活綴方を通じて、地域に根ざし、子どもたちの生活現実に根ざしながら、子どもたちの「たくましく生きる力」をはぐくもうとする実践が取り組まれてきた[1]（橋本 1978）。筆者が、下北の地で、穴沢達巳のことを知り、興味を惹かれたのは、穴沢が生活綴方を通じて、目の前の子どもたちのことを、その生活を含めてとらえようとした教師であったのと同時に、「白糠地区海を守る会」に参加し、教室を飛び出して、地域での実践を行った教師だったからである。

この穴沢については、かつて次のような指摘が行われていた。

　穴沢先生の生涯は、一九七〇年代に、本州の北端の地にあって、作文教育という教育実践と、父母住民の生活・地域・自然をまもるしごとをひとつのものとしてつかむ努力であった。不幸にして過労のため、先生はこの道なかばに倒れたが、およそ地域に根ざす教育を求めるものは、先生の苦難のみちを跡づけてみなければならないとおもう。（藤岡 1980）

穴沢は四四歳と若くして亡くなったがゆえに、自分自身のことを綴った文章が、それほどたくさん残されているわけではない。親しい仲間たちによって編まれた遺稿集である『明日ぁ、晴れるね』（穴沢達巳君をしのぶ会編 1984：以下、『遺稿集』）はあるが、そこに収録されているものは、原子力発電所設置反対運動のことを紹介するような内容のものも多く、穴沢が自分自身の体験や考えについて、まとまって書かれたものは多くはない。穴沢が残したものを掘り起こすことがまだまだ十分できておらず、依拠できるものは限られているが、それらを手がかりとしながら、綴方教師・穴沢達巳の姿を可能な限り浮き彫りにし、穴沢による「本州の北端の地にあって、作文教育という教育実践と、父母住民の生活・地域・自然をまもるしごとをひとつのものとしてつかむ努力」とはいかなるものであったのか、そのことの一端を明らかにしたい。それは、後に詳しくみるように、穴沢にとっては、子どもたちや親たちの「生活台」としての地域に分け入るということであった。いままさに核開発が進行しようとする中において、「生活台」を基調とするということは、どのような意味をもっていたのか。そのことについて考えてみたい。

二　「生活台」に立つということ

穴沢達巳は、一九三四（昭和九）年、青森県下北郡大畑町（現在のむつ市）に生まれた。葛西富夫編『下北教育史考』によれば、達巳の父・敏夫は、正津川小学校（むつ市）、尻屋小学校（東通村）、脇野沢小学校（むつ市）の三つの小学校の校長を歴任しており、穴沢家は、達巳の祖父・直哉から達巳の代まで三代にわたって下北の教育に貢献してきた一家であった（葛西編1963）。

そうした家庭の中で育った穴沢は、一九五三年三月に県立田名部高校を卒業すると、同年四月弘前大学教育学部二年課程小学科へ入学。一九五五年三月に大学を卒業すると、四月には大畑町立二枚橋小学校で勤務をはじめた。『遺稿集』に収録された略年表「穴沢達巳とその生きた時代」によれば、「大畑青年団、薬研《やげん》へ二次ピクニック」（一九五七）、「大畑町の青年団活動再編成のため活躍」（同）、「大畑町連合青年団研修会（一九五八）」、「大畑の若者たち恐山へ」（一九五九）とあり、大畑町立二枚橋小学校に勤務した一九五五年から五九年までの五年間は、大畑町の青年団活動に積極的に取り組んでいたことがわかる。そして、一九五九年に学級文集「はまべの子」を発行しており、これが年表上では、穴沢によるはじめての学級文集である。穴沢が、いつから生活綴方をはじめたのか、それはどのようなきっかけがあったのかは明らかではない。しかし、穴沢が風間浦村立下風呂《しもぶろ》小学校に移った一九六〇年に、下北作文の会『作文下北』№.５に執筆した「私の文集活動」(2)には、この時期の穴沢が生活綴方に取り組むにあたって、何を大切にしていたのかが、明確に記されている。

穴沢が、「文集作成上意図していること」としているのは、「1、発表する喜びを味あわせる」、「2、色々な生活勉強をさせてくれる」、「3、親の子どもを見る目を変えてくれる」、「4、教師に指導のねらいを与えてくれる」、「5、日本中になかまをつくってくれる」の五つであった。特に、「発表する喜び」をいかに子どもたちに味わってもらうのかという点には、重きをおいていたようであり、「今までの文集作りを省みて」という節では、「どんな事でもぐんぐん書ける子供を作るには教室のふん囲気をまず、作ることです。作文が好きになって、子供達が詩・日記・生活文・やがて童話・批評文などを恥ずかしがらず事実をありのまま、はっきりかけるような環境を育てることです」や「ここ下風呂は貧困からくるコンプレックスが非常に強く、感情的に保守性を守り、黙秘をもって抵抗する傾向があります」、「だからこそこの四月から、もっぱら環境作りに精を出してみました」といった振り返りがおこなわれている。

一九五九年に風間浦村を調査した小川利夫によれば、風間浦村は青森県内で最も保護率が高く、イカ漁の最盛期であっても青年による出稼ぎが行われ、離村も増大していた。また、中学生になると夜間のイカ釣りに駆り出されるために、「いねむり学級」と命名されるような事態となっていた（小川 1994）。漁業の不振によるしわ寄せが、子どもたちの生活に及ぶ中であるからこそ、「黙秘をもって抵抗する」子どもたちがいる中で、事実をありのまま「発表する喜び」を子どもたちが感じられるような環境づくり、学級づくりに取り組むことを穴沢が重視していた様子がわかる。

穴沢は、その後も風間浦村立下風呂小学校時代（一九六〇〜六六）には、『青空』、小中学校文集『石だん』、

『やませの中で』を、大間町立大間小学校時代（一九六七〜七〇）には、一枚文集『四年三組』、『風の子』、『大間岬』、『しも波』を、そして東通村立白糠《しらぬか》小学校時代（一九七一〜七八）には、『ふるさと』、『がんべ山』、『いさり火』、『やませ』といった文集を発行し続けている。『遺稿集』の中で、中浜和夫は、「遺稿としてはふれられなかった彼の文集の中から、ほんの一部をとり出し、白糠での地域ぐるみの開発反対運動をつくり上げようと思うに至った、根っこは何だったのか、文集で、教室で、開発・公害をどうとり上げ、子どもたちがどううけとめたのか。私なりにふり返り、見つめてみたい」と問い、その上で次のような事実を紹介している。

いつ頃だったか。浅虫の冬の集会での談論風発の中で「北方教育の伝統と遺産」として、穴沢さんに語らせようとなり、ほぼ一年後、下北サークル協の忘年集会で実現したのだが、私は聞けなかった。しかし、その前にも後にも強調していたのは「生活台が基調になければ」だった。

穴沢が強調していたとされる「生活台」という言葉は、戦前の東北地方の綴方教師たちが用いた造語である。横須賀薫によれば、文献上の初出は、鈴木道太ほか「北方の生活性」（『教育・国語教育』）、「北日本国語教育連盟結成宣言」（『教育・北日本』）、『国語教育研究』巻頭言の三つがあり、ともに一九三五年一月のものであった（横須賀 1975）。例えば、北方性教育運動の母体とされる北日本国語教育連盟の結成宣言では、「生活台」という言葉が、次のように用いられていた。

それは明らかな事実として、植民地以外この北日本ほど文化的に置き去りを喰った地域は外にあるまい。又封建の鉄の如き圧制が、そのまま現在の生産様式にそしてその意識状態に規制を生々しく存続しているところはあるまい。

しかも加うるに、冷酷な自然現象の循環、此の暗憺として濁流にあえぐ北日本の地域こそ、我等のひとしき「生活台」であり、我等がこの「生活台」に正しく姿勢することに拠ってのみ教育が真に教育として輝かしい指導性を把握する所以であることを確信し、且つその故にこそ我等は我等の北日本が組織的に、積極的に、積極的に起ち上る以外、全日本への貢献の道なきことを深く認識したのである。

「生活台」への正しい姿勢は、観照的に、傍観的に子供の生活事実を観察し、記述することを意味するのではない。我等は濁流に押し流されてゆく裸な子供の前に立って、今こそ何等為すところなきリベラリズムを揚棄し、「花園を荒す」野性的な彼等の意欲に立脚し、積極的に目的的に生活統制を速かに為し遂げねばならない。[3]

北方性教育運動において用いられた「生活台」という言葉を定義することは難しいとされる。しかし、北日本国語教育連盟の結成宣言からは、東北地方に根強く残る封建的な生産関係や厳しい自然環境といった東北地方の人びとの生活を基礎づける「地域」を「生活台」ととらえ、その上で子どもの生活事実を傍観的に観察するのではなく、子どもたちの育ちと学びを大きく左右する「生活台」（地域）に根ざすことを教師たちに求めていたことがわかるであろう。

地域という子どもたちの「生活台」を基調とすることを重視する綴方教師・穴沢達巳にとっては、「組合の執行部と生活綴り方との結びつきが教室から外に出す出発点」（国民教育研究所 1977）であった。原子力発電所の誘致で揺れる東通村においても、組合活動と生活綴方が車の両輪となっていたのである。

三　父母集会から白糠地区海を守る会へ

東通村議会が原子力発電所の誘致を決議し、県議会が村議会の原子力発電所誘致に関する請願を採択したのが一九六五年のことであったが、竹内俊吉知事が原子力センター候補地として内定したことを発表したのは、それから五年が経過した一九七〇年一月五日のことであった。また「東通村の原発計画が俄然注目を集めたのは、一九七〇年二月二四日の竹内俊吉青森県知事（当時）の記者会見だった」（北原 2012）とされており、一九七〇年初頭から東通村の原発建設は多くの人たちの知るところになったようである。三月には、原発建設のための用地買収の対象となった小田野沢南通部落において、村当局の懇談会「減反と原子力発電所」が開催された。七月には東通村原子力発電所建設対策特別委員会が発足、一二月には東通村長が地権者に価格調整試案の提示、一九七一年四月には東通村の原発用地買収開始と（中浜 1975）、着々と原発建設に向けて準備は進んでいた。穴沢が東通村立白糠小学校に異動してきたのは、原発用地買収が開始された一九七一年四月のことであった。

土地の買収が進んだこの時期について、穴沢は「その時に私達教師はどういう考えを持っていたかといえば、案外考えていなかったという気がします」（国民教育研究所 1977）とふりかえっている。しかし、穴沢は、同時期に小田野沢南通地区を訪ね、「そこにいた先生が作文を二、三紹介してくれて、その先生が、廃校のため『私がここの最後の先生です』と言われた時から、…『父母集会をやらなければ』という意識に私は変」わったという。このときに穴沢が会った教師が、第一章で取り上げた濱田昭三であった。東通地区教組南ブロックでは、一九七一年七月に濱田を招いて学習会を開催しており、そこで濱田は南通地区の歴史や子どもの様子を語っている。穴沢の南通訪問と学習会の前後関係は定かではないが、穴沢にとって濱田の語った内容は、「地域とともに歩んだ貴重な報告」として映っており、「原子力発電所問題、地域とのとり組みのための資料」とするため、『まさがり』二号（一九七一年七月二〇日発行）に、その報告内容が掲載された。また、濱田から紹介された作文のうち「わたしたちのふるさと」と「原子力発電所が建つ」は、その後、穴沢が編集委員をつとめた『子ども日本風土記2 青森』に収録され、日本全国に発信されることになった。

この時期、「わたしたち自身、組織的な取組みがなかったため、父母への訴えは弱いし、学習不足から説得力もなかった」[4]（穴沢 1972）が、濱田との出会いを契機として、穴沢ら東通教組の人びとは、父母集会に積極的に取り組むようになった。一九七二年二月には、老部《おいっぺ》、白糠、猿ヶ森の三つの地区で教員組合主催の父母集会を開催した。『遺稿集』には、作成時期については不明であるが、「教育を語り合う会（仮称）」という資料が掲載されている。そこには、「父母、地域の教育に対する声を聞く」、「父母、地域のなやみを話し合う」、「父母、地域に生じている問題を話し合う」、「子どもの問題を考えあう」といった内容とともに、「原発、むつ小川原開発の問題を学習し合う」ことが記載されている。それらを通して、「父母の声をまとめ、なやみや要求を組織する」、「原発、むつ小川原開発についての講演会、懇談会を開く」、「漁業関係者から、漁業問題をきく」といったことが目指されていた。これを具体化した活動が、父母集会であったと推察される。

構想の段階から、「話し合う」でも「考えあう」でもなく、「原発、むつ小川原開発の問題を学習し合う」（傍点—引用者）と、父母集会には明確に原発の「学習」が位置づいていた。実際に父母集会では、むつ工業高校の教員に協力してもらい、原発や公害についてのスライドを用いた学習と話し合いが実施された。しかし、そこで穴沢が直面したのは、この父母集会で初めて原発の内容や問題点を知ったという人が大半であり、原発用地買収が進み原発の建設が進んでいるにもかかわらず、住民が原発についてほとんど知らないという現実であった。

そんな中、一九七二年三月には、「下北の郷土と生活を守る会」（以下、「下北を守る会」）の結成集会が、むつ市集会所で開催された。「下北を守る会」は、「私達が人間らしく生き続けるために、そして、子に孫にふるさとを確に引き継ぐために、思想、信条、地位をこえ、きっちりと手を結び、立ち上がる」ことを宣言して発足された組織であり、むつ市を中心に、大畑町、風間浦村、大間町、川内村、東通村など下北半島の全域に会員は広がっていた。活動内容としては、「講演会、学習会、映画を見る会を目標とし、市民講座を開き、希望の地区には協力をする」、「自然破壊、開発現地の現状、実態などの調査活動を行なう」、「自治体や関係機関などへ話し合いの機会を作る」ことに取り組むこととされた。結成集会には穴沢も参加しており、その中で穴沢は、「苦しい出稼ぎの生活は子どもの教育に悪影響を与えている。生徒は原子力船よりも白鳥がいてほしい、これが生徒のわがままだろうかとうったえている」と発言している。

「下北を守る会」は、結成から三カ月後の六月には白糠小学校で白糠集会を開催し、むつ工業高校の教員であった中村一郎による解説で、富士市の公害や石油コンビナート、原子力研究所の内部、原子力発電所の土地問題に関する学習会に取り組んだ。白糠集会を開催するにあたっては、「父母集会、家庭訪問などを通して、母親の中に、この運動をすすめるための核をつくること」（穴沢 1972）に本格的に取り組むため、チラシやポスター、有線放送を使って参加が呼びかけられており、中学校でも、参観日に出席していた保護者に対して参加の呼びかけが行われた。

年に二、三回の父母集会の開催が重ねられてきている中、一九七四年一月、東通地区教組南ブロックでは、原子力発電所設置反対・白糠海を守る会を結成することを目ざして父母集会を組織することが、確認された。

その直後の、七四年二月一三日には、「第三回教育問題と原子力発電所問題を話し合う父母集会」が漁業組合で開催され、この時もむつ工業高校の教員によるスライドを用いた学習とあわせて父母集会が開催されたが、この父母集会の席上で早くも「白糠海を守る会」をつくるための世話人会が発足する。その日のうちに「白糠海を守る会」準備委員会によって趣意書がまとめられると、その趣意書が全戸に配布された。その後二回の準備委員会が開催されたのち、一九七四年三月には「白糠地区海を守る会」（以下、「海を守る会」）の結成大会が開催された。署名し、加入した会員は三三七名、穴沢は、「海を守る会」の事務局員となった。東通地区教組南ブロックで方針を確認してから、わずか二カ月での発足であった。

「海を守る会」が結成される直前の時期、白糠地区は、人口が一九四九人で東通村での最も大きい地区であり、水田はなく、漁業専業、出稼ぎが戸数の半数以上と多かった（中浜 1972）。東通村において最も人口の多い集落でありながら、その半数以上が出稼ぎをせざるを得ない状況におかれている白糠であり、そして原発建設計画が立ち上がりながら、具体的なことは知らないままに置かれている白糠であったが、そうした状況において、「海を守る会」は、「公害源となる原子力発電建設計画から海を守り、住民のしあわせをきずく真の開発をかちとること」（傍点―引用者）を目的とした。「海を守る会」の結成にあわせて作成された「白糠地区海を守る会結成大会宣言」においても、白糠では出稼ぎが多く漁業一本で生活をしている人は少ないとはいっても、さけ・ます、あわび・うに、こうなご、わかめ・こんぶ、いかなどの水揚げがあり、「海がきれいでいる限り、永久に資源はつづく」ことがうたわれていた。ここからも、「海を守る会」が、温排水や放射能によって海を汚染するかたちでの開発ではなく、白糠の人びとの生活を支える海をきれいなままに守りながら、「真の開発」を求める運動であったことがわかる。

「海を守る会」は、原発を公害源としてとらえ、原発建設に対して明確に反対の立場に立つ組織ではあったが、活動方針の第一番目には「原子力発電所について、みんな学習できるような勉強会、公聴会の機会を多くつくります」と掲げ、原子力発電所をはじめとする地域開発について学ぶことに力点を置いた組織でもあった。実際に、「海を守る会」の会報をみると、結成からわずか一カ月後には、大間小学校の教員であり、「下北を守る会」会長であった森治を講師に、「自然の資源と地域の生活」をテーマとする学習会を開催した。その後も、大学教員を招いての「放射能、温排水問題」学習会（六月）、むつ工業高校の教員を招いてスライドを用いた原発の地区別学習会（七月）、「原子力問題」講演会（九月）、「教育と地場産業」学習会（一一月）と精力的に学習会を重ねていったことがわかる。穴沢は、この一年間の活動を、のちに「学習しようという意欲は原発公害のみならず地場産業を今後、どうとらえていくかという村づくりの展望にまで広がっていった一年間であった」（穴沢 1975）とふりかえっている。

このように、繰り返し実施された東通教組による父母集会は、「海を守る会」の結成へと結実した。そして、穴沢にとって、「海を守る会」の結成に果たした教組の役割とは、「『子どもに原発、公害をどう教え、地域をどうとらえさせるか』という教育的な計画よりも生活台である地域の実態を父母とともに分析し、原発公害から生活基盤である海を守り、先祖から引きつがれた資源を子孫の代へ、自然のままで残してやるべきことを重視した」（穴沢 1977）ものであった。原発や地域開発について学びあうとともに、地域の問題や悩みを語り合うことを通じて、父母とともに「生活台」としての地域の現実を分析した実践が父母集会であり、それが「海を守る会」の結成へとつながっていったのであった。

四　子どもたちとともに「生活台」に分け入る

一方で、穴沢には、大人たちだけでなく、子どもたちもまた、自らの生活する地域のことについて知らないように映っていた。穴沢は、次のように語っている。

子ども達があまりに地元を知らないんです。出稼ぎが当然の如になって、親はお正月になれば帰ってくる。また次の日に出ていく。家は東京にあるような感じで、地元に帰ってくるのは休みをもらって帰って来る方が多い出稼ぎ体系になっているのに馴れっこになって、特に問題意識を持たない子が多い。そこにもっと目を向けさせなければならないというようなこと。…（中略）…そういうことで子どもに資料を与えるために、漁師のイカの取り方とか、船の機械の進歩とか脱穀の移り変り等もどうしても教えなくてはということで、地元の老人から学ぶことに関心を持って、文集に資料として載せることがあったりした。そうすれば、ますます親と接することが多くなっていくということがあったわけです。（国民教育研究所 1977）

こう述べているように、一九七三年に発行した文集『がんべ山』(5)には、五年生の子どもたち四〇人が実施した漁業の仕事についての調査が「漁村 白糠を考える」としてまとめられていた。この文集には、「白糠の海を守っていくためにみんなで考えよう」というサブタイトルがつけられていたという。内容としては、子どもたちが父親たちから聞き取った、漁業の仕事についてまとめられていた。例えば、ある児童は、父親からの話として、七、八年前まではとったいかがすべてするめに加工されていたことや、一九四九年から五〇年ごろは一人で一晩に四千〜五千のいかをつりあげており、「いかのカーテン」といわれるぐらいにするめ加工がさかんだったこと、今はからだは楽であるが、資金繰りが苦しいことをききとっている。また、他の児童は父親から、東通村においては「漁師では、金持ちになれない」ということをききとっていたが、その部分には線が引かれ、「じっくり考えよう」と、穴沢は子どもたちに白糠の漁業について改めてじっくりと考えてみるよう、促している。

他にも、いかつり漁法のうつりかわりが絵入りでまとめられていたり、いかつりの出港から帰港までの経過をまとめたりしており、後者については出港から帰港までの流れとともに、いかつりのいそがしさや楽しさ、苦しみ、苦労などが記されている。また、そこには「みんなよくおとうさんたちから聞いてきたね」、「よくやってくれた!!」など、父親の生活（仕事）をきちんとつかもうとした子どもたちをたたえるようなコメントも付されている。

また、子どもたちはこんぶとりについても、その経過を調べてまとめている。そこには、子どもたちが抱いた感想も付されているが、それに対して穴沢は、「こんぶとりの経験がないから、そのように感じられるのであろう」や「白糠の仕事として、毎日見ているこんぶとりの生活にしては、これだけの感想しかもてないことはない…」とコメントを付しており、子どもたちが「白糠の仕事」であるこんぶとりについて、より深い感想を抱くことを期待していたことがわかる。一方で、児童が書いた「はじめてやったこんぶほし」の作文には、「父母の労働を、だまって見ていたのではない。この夏に…みな、手伝っていたのだ」とこんぶとりの手伝いを行った子どもたちがいたことを紹介し、その作文に「汗をながして働くすばらしさ」が書かれていることをたたえている。このように、穴沢は、父親たちへのききとりによって、子どもたちが白糠の漁業について理解を深めるとともに、子どもたちが父母とともに白糠の海で働くことで、労働のすばらしさを経験することを求めたのであった。

また『がんべ山』№2には、「〝ふるさと〟白糠をしっかりみつめよう」として、むつ小川原開発と原子力発電所のことがとりあげられていた。「〝開発〟〝発達〟〝進歩〟このことばはだれがどうなることを意味するのか」という問いかけがなされ、社会科で学んだ他の工業地域との比較や、どのような公害が予想されるかが問いかけられている。この問いかけについては、「海を守る会」の会報№1においても、同様のものが見られ、会報においては、「ほんとうの開発は、だれが、どうなることなのかを考えて…」と記されていた。「海を守る会」が父母や地域の人びととともに「生活台」の分析を行ったその先に、地場産業のあり方と「真の開発」を展望しようとしたものであったが、この「海を守る会」の取り組みと、子どもたちとの生活綴方の取り組みは、白糠という地域の海（漁業）に根ざした「真の開発」について考え、展望するという点で通底していたのであった。

五　教師として地域に生きる

以上みてきたように、「生活台」を基調としていた穴沢は、組合活動と生活綴方を車の両輪としながら、「生活台」に分け入っていった。父母集会では、父母たちと地域の課題や悩みについて語りあい、子どもたちとは、父親への聞き取りなどを通じて、白糠の漁業の歴史や現状について調べ、まとめた。そこから明らかになる生活は、一方では「出稼ぎ」によって家族がばらばらになって暮らさざるをえないものであり、また「漁師では、金持ちにはなれない」というあきらめにも似たつぶやきが生まれざるをえないものであった。

そして、そこに原発建設という新たな問題が生まれてきている生活であった。「生活台」に分け入ることで、白糠の海で働くことが直面している課題を浮き彫りにしつつも、父母集会から生まれてきた「海を守る会」においても、子どもたちと取り組んだ生活綴方の実践においても、白糠の海に根ざした地場産業に基づく「真の開発」について考え、展望しようとしていた。ここから見えてくるのは、「生活台」ということにこだわった穴沢であるからこそ、その実践の向く先は、単に原発の問題性を批判し、それに反対するということにとどまるものではなかったということである。むしろ、いままさに核開発が進行する中においても、父母とともに、あるいは子どもたちとともに「生活台」＝地域の自然に目を向け、その自然に根ざした生活や労働の価値を父母や子どもたちとともに再発見することを軸として、地域実践と教育実践が営まれていたことがわかる。

穴沢は、「海を守る会」結成の経緯を振り返りながら、「地域に生きる教師」ということについて論じたことがある。そこで穴沢は、「地域に生きる教師」は、「真実を追求し、真実を伝えるべき義務があ」り、「目先の損得に左右されてもならない」とともに、「地域住民と連けいして生活を守り、子どもたちをとりまく環境をよりよいものにしていかなければならない」（穴沢 1977）としていた。生活を守り、環境をよりよいものにしていくためにも、それを支える地域の自然やそれに根ざした生活・労働の価値を再発見すること。このことこそ「生活台」を基調とするということであり、「地域に生きる教師」にとって求められるものなのである。

〔注〕

（1）例えば、青森県で生活綴方に取り組んだ小学校教師である橋本誠一は、「本州の最北端、中央から見放されて、貧しい中で懸命に生き続けようとするわたしたちの県では、だからこそ、より地域に根ざし、生活に密着した綴り方教育をおしすすめないといけないと考えてきた。そして、堂々とその生活の実態を声を大にして訴え続けられる子どもたちに育てなければならないと考えるようになった。〝たくましく生きる力を持った子にしよう〟がわたしたちの合いことばとして語られ、その裏づけとなる実践をしようと努力してきた」（橋本1978）と記している。

（2）筆者は「私の文集活動」そのものを入手できてはいないが、遺稿集に掲載された中浜和夫「穴沢さん・地域とのこと」の中で、一部を省略したかたちで紹介されており、本稿ではそれを参照している。

（3）読みやすさを考慮して、旧かなづかいは現代かなづかいに変更した。

（4）『資料あおもりみんけん国民教育研究　開発と住民運動における教師』には発行日が記載されていないが、一緒に収録されている木村久則によって作成された年表が一九七二年六月で終わっていることから、一九七二年後半での発行と推察した。

（5）『がんべ山』も前出の中浜の論稿（中浜1984）に紹介されているものを参照した。

〔文献〕

穴沢達巳（1972）「下北原発の現状と運動」『資料あおもりみんけん国民教育研究　開発と住民運動における教師』青森県国民教育研究所、一一～一三頁。

穴沢達巳（1975）「原子力発電所設置反対運動と教組――白糠地区海を守る会の結成とその経過」青森県国民教育研究所編『あおもりみんけん資料　青森県における原子力開発をめぐって』青森県国民教育研究所、一～八頁。

穴沢達巳（1977）「原子力発電所計画反対の住民の運動」青森県国民教育研究所編『やませ――下北の地域と住民・教育運動』青森県国民教育研究所、一四～二九頁。

穴沢達巳君をしのぶ会編（1984）『穴沢達巳遺稿集　明日ぁ、晴れるね』穴沢達巳君をしのぶ会。

小川利夫編（1994）『小川利夫社会教育論集第五巻　社会福祉と社会教育』亜紀書房。

葛西富夫編（1963）『下北教育史考』むつ市社会教育同好会。

北原耕也（2012）『ルポルタージュ　原発ドリーム――下北・東通村の現実』本の泉社。

下北の郷土と生活を守る会（一九七二～七五）『ひめまりも』（No. 1-12）、下北の郷土と生活を守る会。

国民教育研究所（1977）『巨大開発と教師・住民――現地教師との集団面接記録』国民教育研究所。

土屋直人（2020）「戦後東北の生活綴方・北方性教育運動――『東北作文の会』の思想と実践」日本作文の会編『作文と教育』（881）、本の泉社、六～八頁。

中内敏夫（1976）『生活綴方』国土社。

中浜和夫（1972）「下北南部の「弾道試験場と原発用地買収の経過」『資料あおもりみんけん国民教育研究　開発と住民運動における教師』青森県国民教育研究所、一四～二一頁。

中浜和夫（1975）「年表　原子力船「むつ」と東通原発の経過」『あおもりみんけん資料　青森県における原子力開発をめぐって』青森県国民教育研究所。

中浜和夫（1984）「穴沢さん・地域とのこと」穴沢達巳君をしのぶ会編『穴沢達巳遺稿集　明日ぁ、晴れるね』穴沢達巳君をしのぶ会、一八〇～二〇八頁。

橋本誠一（1978）「青森県の作文教育」日本作文の会常任委員会編『作文と教育』29（4）、百合出版、一一二～一一三頁。

藤岡貞彦（1980）「発達と地域の架橋」日本作文の会常任委員会編『作文と教育』31（2）、百合出版、二三～三三頁。

横須賀薫（1975）「生活台」大田堯・中内敏夫編『民間教育史研究事典』評論社、八六～八七頁。

コラム
1

「核開発地域に生きる」人々を記録する意味

安藤聡彦

一九六〇年代半ば、下北半島で核開発が始まったころ、全国各地で原子力発電所をはじめとする核開発施設の設置をめぐって、様々な動きが起こり始めていた。突然家の前に大きな車が停まり、スーツ姿の男たちが降りてきて「お宅の土地を売ってくれ」と言う。町の議会で「原発誘致賛成決議」があがる。いったいこれは何が起きているのだ、といぶかしがって、人々があちらこちらでひそひそ話を始める、など。核開発が特定の地域で具体化され始めることによって、それまでとは異なる人々の動きが波状的に生じていった。

こうした「核開発地域に生きる」人々の動きは、その渦中にいた人々自身によっても、その外側にいた新聞や雑誌、ラジオやテレビの記者、ルポライター、映像作家などによっても、記録されてきた。そうした作業は、それぞれ独自の目的をもって進められてきた。

ここでは、核開発初期の時代にそれに反対する人々の動きを記録したひとりの教師について書いてみたい。

住民運動を記録する

その人の名は福島達夫《ふくしまたつお》。一九三一年に大分県佐伯市に生まれ、東京教育大学で地理学を学び、東京都立高校の社会科教員となった。

福島の名前がよく知られるようになったのは、一九六八年五月に明治図書から新書版で刊行された『地域開発闘争と教師』によってである。「沼津・三島、姫路、南島の住民運動」との副題を有する本書は、福島自身が足で歩き、資料を集め、地域の人々に話を聴いてまとめた「住民運動ジャーナル」とでも称すべき書き物である。なぜこのようなジャーナルを書き、それを一書に編んで発表しようと考えたのか。福島はその動機を本書の「はじめに」で次のように記している。

この本は、教師だけでなく、農民に、主婦に、青年に、労働者に、あらゆる層の人たちに読んでほしい。今日ほど科学に縁どおい人びとが科学を学ばなくてはならない、科学にとって不遇な時代はないからである。企業はいわゆる〝科学〟の保証のもとに進出する。企業の進出によって、地元の人たちの生活は大きく変わる。今日の進出企業は大規模であるだけに、その変わりようも大きい。そして、地元の人たちの生活する場所がそこなわれたり、よごされたり、また人びとの健康がおかされることも多い。いったんそうなってしまうと、地元の人たちは、もとのように、美しい空を、豊かな作物や草木の緑を、澄みきった海を、たくましい体を、とりもどすことができない。そして、自然の変化や、人びとの肉体の変化の原因は、〝科学〟の名によって誤魔化されてしまう。それだけに本当の科学を人びとは学ばなければならない。その科学と地域の住民との橋わたしをする、教師の役割を考える手がかりを見つけようとするのが、本書のねがいである。

「『科学』と『子ども』との橋渡しをする教師の役割」であれば分かりやすい。だが、ここで福島は「『科学』と『地域の住民』の橋渡しをする教師の役割」と記している。いったいそれは何を意味しているのか。

福島は、パートナーの実家がたまたま静岡県沼津市であったことから、一九六三～六四年に展開された沼津・三島・清水石油化学コンビナート反対運動に関心を抱き調べていくうちに、その運動に地元の公立高校教師たちが参加していた事実を知るに至る。いったい何故自分と同じ高校教師たちが住民運動に入り込んでいたのか。福島は、地域開発反対住民運動が実際には「科学闘争」――「公害はありえない」とバラ色の宣伝をして開発を推進しようとする企業ならびにそれを後押しする行政が採用する「科学」と「公害は必至である」とする住民側が採用する「科学」との闘争――という形を取らざるをえず、「科学」を教えることを仕事とする教師たちが「何が本当か」を問われ、やがて住民の立場にたって「本当の科学」／「公害の科学」を追究し、それを学習会を通して普及していく活動を担っていた、という事実を教師たちへのヒアリングから見出したのだった。福島はそれを「住民は権威者の科学より、教師の科学を選んだ」と記した。

福島はこの沼津・三島の運動との出会いを起点として、姫路市の石油コンビナート反対運動や富士市の火力発電所建設反対運動など、各地の地域開発反対住民運動の調査と記録化を開始する。その一端として、氏は核開発、具体的には原子力発電所建設をめぐる住民たちの動きにもまなざしを向けるに至った。

南島町で芦浜原発反対闘争を取材する

高度経済成長期は、日本の核開発の始動の時代でもあった。日本原子力発電と関西電力は一九六〇年代初頭から福井県の若狭湾沿岸で、東京電力もほぼ同じ頃から福島県の浜通り地域で、そして数年遅れて中部電力が紀伊半島沿岸他で、それぞれ原発の候補地探しを開始している。そのなかで、福島が着目したのは中部電力が一九六三年から本命視していた三重県南島町と紀勢町とにまたがる芦浜での原発建設計画をめぐる攻防であった。福島はその経緯を次のように記している。

私の故郷大分県佐伯市に隣接する蒲江町に原子力発電所建設の計画があるのを知ったのは、昨年(一九六六年)の七月のことであった。それは母が送り物をしてくれた包み紙の大分合同新聞(一九六六年二月二五日)で全く偶然に読んだ。それ以来私の原子力発電への関心は故郷への関心でもあった。原子力発電に関するスクラップも集ってきた。そのスクラップの中で、とくに注目していたのは三重県の南島町の動きである。昨年九月二〇日には、東京各紙は〝国会視察団阻む――もめる原子力発電所〟という記事をのせ、一〇月二八日号の週刊朝日は〝真珠の村を襲った死の灰騒動〟という文章をのせた。それまでは中部電力の原子力発電所の建設予定地が住民の反対にあって難航しているという程度にしか書かれていなかったのであるが、九月下旬になってそれらの記事でややはっきり理解できるようになった。その頃からできたら南島町に行きたいと思っていた。

一九六七年一月下旬に三重県伊勢市で日教組の教育研究全国集会が開かれ、福島はその会合に出席したあと、南島町まで足を伸ばし、現地に一泊して町役場や漁協事務所を訪問して、資料の閲覧・筆写やヒアリングを行っている。そして、それをもとに「原子力発電所を阻止する熊野灘沿岸漁民」というルポルタージュを『歴史地理教育』一九六七年五月号から一一月号まで、六回に分けて連載した(その後、全体が再構成されて上述の『地域開発闘争と教師』に収録された)。

福島の関心は、ここでも住民(熊野灘沿岸漁民)の求める「本当の科学」/「公害の科学」にあった。福島は、一九六三年一一月の計画発表以来の中部電力、三重県及び地元自治体の行政、漁民の激しいせめぎあいを克明に跡づけているのだが、とりわけ注目しているのは一九六六年に三重県が発表した『漁業影響予察報告』という、今日風に言えば環境アセスメント報告書とそれに対する漁民たちの「反論」である。福島は、「これは沼津・三島コンビナート阻止闘争における松村調査団と黒川調査団の対決に比することのできるものであり、関西原子炉の〝吹田の合戦〟も思わせるものである」として両者を詳しく紹介した。漁民たちの「反論」の最後には、次のような言葉が記述されている。

父祖代々漁業にのみ生きた漁民の海と魚に対する知識は、科学的に実証されない点はあるとしても決して軽視すべきではなく、科学は科学者にまかしておけと言うのであれば魚のことは漁師にまかせてほしいと言わなければならない。

福島はこの言葉に集約されるような、開発側のふりかざす「科学」への、地域の現実やそれにかかわる住民の経験に裏打ちされた批判的な思考（「公害の科学」）とそれを獲得する住民たちの学習過程を重視した。

南島町漁民は、県の『予察調査』の内容を検討する必要もあり、より本格的な原子力の科学を学ぶことを要求された。三重県立大学や東海区水産研究所の研究者と結びつき、またとくに東京大学檜山義夫教授の指導を一貫して受けた。漁民たちは、困ると檜山教授を訪ね、教えを請うた。檜山教授は、福島が直接檜山本人に尋ねたところ、「現地を訪ねたことがなく一般論で答えた。決してウソをいわぬように努力し、それ故漁民に信頼されたのだろう」と言われたという。

記録すること自体が喜びだった

福島による連載は五回続いていったん終了となった後、同じ一九六七年の一二月に六回目の論説が「原子力発電所を阻止した熊野灘沿岸漁民」とタイトルをあらため掲載されている。この年九月二九日に田中三重県知事が——その前日に中部電力取締役が「中部電力原発一号炉は静岡県浜岡に建設することを決めた」と報告していた——「芦浜原発問題については、現時点をもって一応終止符を打ちたい」との声明を発表したことを受けてのことである。その論説の最後には、福島が訪問した日から福島の記録化を支援し続けた南島町助役の次のような便りの一部が引かれている。

> 我が南島町も、原発問題発生以前にかえり、町民は和を保ちながら、生産に励んでおります。

こうして問題発生から「一応終止符」まで四年近い反原発闘争を緻密に記録した福島のルポであるが、そこには地元の教師たちの姿がまったく登場しない。言うまでも無く、それは運動の現実の反映である。福島は『地域開発闘争と教師』の「まえがき」で次のような意味深長な言葉を綴っている。

> 書名『地域開発闘争と教師』の教師には、多くの教師が含まれる。しかし、教師がほとんど登場しない闘争の記録もある。書名と内容は必ずしも一致しない。その教師のなかに、私も含めて受け取っていただければ書名に近づくかと思う。

いったい「核開発地域を生きる」人々を記録するとは、福島にとってどんな意味をもっていたのか。

二〇二三年初秋、筆者は本書の共著者である若手研究者たちと東京都日野市にある福島の自宅を訪ねた。九〇歳を過ぎてなお元気な氏は、南島町訪問の思い出を楽しげに語りながら、「記録すること自体が喜びでしたね」ということを何度も繰り返した。それは、「核開発地域に生きる」人々を記録するという営みが、福島自身にとって、根源的には、人々の生き様を通して人間と社会の新たなあり方を探究する営みであったことを意味している、と理解した。福島の話に真剣なまなざしで聞き入っている若手研究者たちの姿を見ながら、下北半島で生きてきた皆さんとのこの一〇年あまりの私たちのかかわりもまたそうであった、ということを筆者は思い返していた。私たちが出会ったある人物は、こちらからの問いかけに、かっと目を見開き、あふれる思いを一気に吐き出すように語り続けた。別の人物は、考え考え、一つ一つの言葉を絞り出すように返してくれた。私たちの調査に同行した学生が地域づくりの取り組みを話してくれた女性に「原発のことはどう考えてますか?」と投げかけたところ、彼女はしばらく黙り、やがて口を開いてこう語った。「あなた、私がいままでずっと胸の奥底にたたみ込んでいたことにふれたね。いいよ、今度話してあげるから、うちで一緒に飲もうじゃない。」こうした一人一人の語り口そのものが、私たちをして「この話を自分たちだけが聴いて終わりにすることはありえない」と思わせる名状しがたい重みを有していた。

半世紀あまり前、福島は、核開発地域を訪ね、そこに生きている人々と出会い、言葉を交わし合い、残されている資料を調べ、それらのことを記録した。その試みに続け――それが本書を貫く私たちのモチーフであった。

第Ⅱ部　核開発の浸透

第Ⅱ部の舞台は、核開発が具体的に進展しながらその社会と人々の生活に深く浸透していく一九八〇年代以降の下北半島である。その様相は一つには、半島内で計画された原発や核関連施設が次々と着工に至っている事実――一九八八年のウラン濃縮工場にはじまり、低レベル放射性廃棄物埋設センター（一九九〇年）、高レベル放射性廃棄物貯蔵管理センター（一九九二年）、再処理工場（一九九三年）、東通原発（東北電力一号機一九九八年・東京電力ホールディングス一号機二〇一一年）、大間原発（二〇〇八年）、MOX燃料工場（二〇一〇年）、使用済核燃料の中間貯蔵施設（二〇一〇年）へと続く〔※括弧内は着工年〕――によるが、それだけではない。この時期の核開発は、電源三法などの財政上の〈仕掛け〉を伴いながら、政府の強力なリーダーシップのもとで進められた。

それは一九八三年一二月、半ば強引な形でやってきた。青森県を訪れていた中曽根康弘内閣総理大臣（当時）が下北半島を「原子力基地」にすると発言したのである。翌年の元旦にはこれを受ける形で、むつ小川原地域に核燃料サイクル施設を建設する計画が政府の方針として報じられた。むつ小川原開発は二度の石油危機によって頓挫し、多額の借金を抱えていた。買い手がつかない広大な土地も残されていた。この計画の中核に位置付けられたのが核燃料サイクル三施設（再処理施設、ウラン濃縮施設、低レベル放射性廃棄物貯蔵施設）である。電気事業連合会は一九八四年四月、青森県に対しこれら施設の立地要請を行い、翌年四月、県は受入を決定した。

県内では反対運動が起きた。石油備蓄基地開発をめぐり村内を二分する対立が生じていた六ヶ所村では、漁業従事者らを中心に再び緊張が高まっていた。一九八六年のチェルノブイリ原発事故後には、全県的な運動に展開する。風評被害を恐れた農業従事者も施設受入の白紙撤回を求めた。一九八八年の参院選では社会党推薦の三上隆雄《みかみたかお》が自民党候補に大差をつけて当選した。しかし、反対のうねりは国策も県の方針も覆すことはできなかった。一九九一年の知事選で核燃反対を主張した金沢茂《かなざわしげる》が現職の北村正哉《きたむらまさや》に敗れると（金沢は二四万票、北村は三二万票を得た）、核燃反対派は次第に力を失っていくのであった。

　このような中、原発とその関連施設がある自治体にもたらされた原発・核燃マネーは反対運動に対する懐柔策として、また自治体財政の支えとして重要な役割を果たした。特筆すべきは一九七四年に制定された電源三法（電源開発促進税法、電源開発促進対策特別会計法、発電用施設周辺地域整備法）である。青森県が初めて交付を受けたのは、東通原発の立地計画が発表された一九八一年であり、その累計総額（県全体）は二〇二三年までで約四〇〇〇億円に及ぶ。地域別では六ヶ所村約七四〇億円、むつ市約五七〇億円、東通村約四二〇億円、大間町一六〇億円など半島内の市町村が多い。

　使途は自治体が行う教育、医療サービスなどの公共事業や公共施設の建設・維持費などに充てられているほか、原発や再処理に関わる広報と教育・啓発にも使われている。後者の代表例は六ケ所原燃ＰＲセンター、東通原子力発電ＰＲ施設「トントゥビレッジ」、むつ科学技術館、北通り総合文化センター「ウィング」などである（序章参照）。二〇〇三年の法改正では、特産品の開発やイベント支援に対しても、また他省庁や自治体の自主財源で建てた施設の人件費や維持管理費としても使えるようになった。電源三法は今や、半島内の自治体にとっては欠くことのできない財源であり、また人々の雇用や教育、医療を支える存在となった。こうして日々の暮らしに核開発が浸透していくことで、人々は原発について語ることも、そこに異を唱えることにも敏感にならざるを得なくなった。

　以上のような背景のもと、第Ⅱ部では六ヶ所村、大間町、むつ市で運動を展開した三人の人物に光を当てる。一人目は反核燃運動が下火になりつつあった一九八〇年代後半に、故郷である六ヶ所村に帰ってきた菊川慶子（一九四八〜）である。菊川は核燃を白紙撤回することは現実的でないと感じながらも、核燃に頼らない生業を興し、自立した村づくりを進める。第四章ではそんな菊川の経験を辿り、その背後にある考え方や想いの一端を明らかにする。二人目は、大間町で郵便局員を務めながら反原発運動を展開した奥本征雄（一九四五〜二〇二〇）である。奥本による実践の本質は、単に反対を主張するのではなく、他者（推進派を含む）を思いやる心を基盤にした民主的対話にある。では、奥本の反対運動はなぜ、どのようにしてそこに至ったのだろうか。第五章はその答えを浮き彫りにする。三人目は、むつ市で高校教師として、退職後は地域の様々な市民活動のリーダーとして運動を行なった斎藤作治（一九三〇〜二〇一六）である。斎藤は地域に根ざした語り合う文化の再建に努めた。第六章は斎藤の教育実践と市民活動の具体像に迫る。

コラムでは一九九九年に茨城県東海村で起きたＪＣＯ臨海事故について考える。この事故では作業を行なっていた三名のうち二名が死亡、一名が重症、そして六六七名が被曝した。二〇年以上前の事故でありながら、その責任はいまだに問われず、事故の被害は矮小化されていく。そんな中、私たちに何が出来るのか。本コラムはそれを問う。

〔参考文献〕
秋元健治（2014）『原子力推進の現代史――原子力黎明期から福島原発事故まで』現代書館。
朝日新聞青森総局（2005）『核燃マネー 青森からの報告』岩波書店。
船橋晴俊・茅野恒秀・金山行孝編（2013）『「むつ小川原開発核燃料サイクル施設問題」研究資料集』東信堂。

第四章

地域における自由な対話は、どうすれば可能か

——他者の思いによりそう民主主義

澤　佳成

＊奥本征雄（おくもと・まさお）氏

一九四五年、青森県下北郡大間町に生まれる。高校卒業後、郵便局に就職。その直後に全逓信労働組合（以下「全逓」）に入り、労働組合活動を始める。一九七六年、大間商工会が議会に「原子力発電所設置に係る環境調査の実施」を請願したのをきっかけに結成された「大間原発反対共闘会議」のメンバーとなる。のちに共闘会議から名称を変更した「大間原発を考える会」の中心メンバーとして、一貫して反原発を貫きつつも、賛成する人たちとの対話を欠かすことはなかった。その背景には、奥本自身が運動の過程で抱いた後悔の念と、それに基づく民主主義への信念があった…。二〇二〇年、逝去。

一　本章のテーマ――地域での自由な対話は可能か

本章の舞台である青森県大間町は、お正月に特番が組まれるほどマグロの町として有名である。それとは裏腹に、同じ町で、使用済み核燃料から取り出したプルトニウムとウランを混ぜたＭＯＸ燃料で稼働される予定の大間原子力発電所（以下「大間原発」）が建設途上であるという事実は、あまり知られていない。

二〇一一年三月に福島第一原子力発電所の過酷事故が起こった頃、大間原発の完成度は五割ほどであった。建設途上であったからこそ、「ひとたび事故が起これば、この町はいったいどうなるのか」、「国や事業者がいうように、本当に安全なのだろうか」といった不安が地域の人びとを襲ったであろうことは想像に難くない(1)。こうした不安を吐露したり、まだ完成していない原子力発電所が自分の町に建つことの是非を自由に語り合えたりできたら、どんなに楽だろう？　だが、かつて、町の世論が賛成・反対で二分され、侃侃諤諤の議論の末、原発を受け入れる決断がなされた大間町では、原発について自由に語り合える雰囲気にはない。

三・一一の前も後も、あるときから一貫して反原発運動に身を捧げてきた奥本征雄の生まれ育った町、大間は、いま、そうした状況にある。奥本は、街を支配するそのようなもの言えぬ空気に抗いつつも、大間原発の建設に賛成する人たちとも対話し続けてきた。その生きざまは、地域における民主的な対話の可能性と、その先にある民主主義とはいったい何か、という問いについて考える糸口を与えてくれる。

そこで本章では、生涯を大間での反原発運動に捧げた奥本の生きざまと思想に迫りつつ、大間町のように困難な課題を抱える地域で、住民が自由に自分の思いを吐露しながら語り合える多様な場と、その積み重ねとしての自由な対話の可能な圏域が成立する余地はあるのかどうか、哲学の視点を交えつつ考えてみたい。

二　なぜ原発について語れない空気になったのか――奥本の後悔

奥本は、原発の建設に反対する運動に身を投じながら、原子力発電について語りづらい空気が醸成されていくプロセスをつぶさに見続けてきた。そこで、奥本が展開してきた地域での運動と大間原発をめぐる歴史とを辿りつつ、大間町で原子力発電について語りづらい空気が醸成された理由を探ってみよう。

原発誘致の動きと共闘会議の結成

奥本がはじめて反原発運動に関わったのは、下北半島の「核半島化」のうねりのさきがけとして一九七四年に起こった、原子力船むつの出航阻止行動であった（第二章参照）。

西尾漠によると、一九七四年は、原発を巡る動きの画期の一年であった。それまで、主として電力会社が担ってきた原子力発電所の地域合意の取り付けは、多くの自治体で反対闘争にあい、頓挫しかけていた。そこで、国は、この年の六月三日、原発を受け入れた地域に振興補助金を交付する仕組みを定めた、いわゆる電源三法（電源開発促進税法・電源開発促進対策特別会計法・発電用施設周辺地域整備法）を制定する。「電力会社任せでは埒があかないと考えた政府は、原発を受け入れた自治体に多額の交付金を投下することで同意取り付けを図ったのである」（西尾 2019）。このような動きのあった一九七四年から、原子力安全委員会が発足し、内閣総理大臣や通商産業省に原子力開発を一元化する体制が整った一九七八年にかけて、原発を巡る各地域での活動が反原発全国集会の開催（一九七五年）などを契機につながっていき、運動が全国化していくことになった（西尾 2019）。

そういう全国的な動きのなか、大間町にも核半島化の波が及ぶようになる。一九七六年、電源三法交付金に町の振興を賭けた大間町商工会が、町議会に「原子力発電所設置に係る環境調査の実施」を請願したのである。この動きに対抗すべく、即座に大間原発反対共闘会議が結成された。その主体は、大間町にある行政機関（営林署・土木事務所・電電公社・町役場・郵便局など）の労働組合員が一堂に会する大間地区労働組合協議会で、その中の一〇名ほどが共闘会議の主要メンバーとなった。その一人が奥本だったのである。当時は組合活動が活発で「局長みずからが『君さ、入らんとダメですよ』という」時代背景のなか、郵便局の労働組合・全逓に「自動的に入った」奥本は、共闘会議の活動もまた、最初は上から言われてよくわからずに始めたという。それゆえ奥本は、一九七四年の原子力船むつの出航阻止行動も「別に原子力船が嫌だとかそういうのではなくて、労働組合の運動の一環として携わっただけの話なんだよね」と述懐している(2)。

一九八四年、大間町議会が電源開発株式会社（以下「電源開発」）を事業者とする原子力発電所の誘致を決議したことで、原発の建設を受け入れる流れがにわかに加速していく。そういう状況のなか、最初は事情がよくわかっていなかった奥本も、共闘会議主催で地域での学習会を重ねるうちに「やっぱり、原子力っておかしいよな」と気づき、自分にとって「現実味」を帯びてからは、建設を許してはいけないと強く思うようになっていく。

学習の積み重ねによって否決された原発関連の調査

地域での学習会という方法によって共闘会議が主に対話を求めたのは、大間の基幹産業、漁業を支える漁師たちであった。共闘会議のメンバーは、一九八二年頃から、二人一組となり、学習会開催のチラシを配布し、一回当たり二〜三軒の家族に集まってもらい、いちばん多い時期には毎夜のように学習会を開催していった。その内容は、まず、原子炉の描かれた自作の模造紙により共闘会議のメンバーが原発の危険性を説明し、そののちに参加者全員で意見を交換するという流れであった。

そうして迎えた一九八五年一月二九日、大間漁業協同組合で、運命の臨時総会が開催された。主要な議題は、原発調査対策委員会を設置し、原子力発電所の建設に伴う調査を受け入れるか否かであった。賛成多数を見込んで祝宴会場まで用意していた電源開発の予想とは裏腹に、漁協は調査の受け入れを否決した。奥本たち共闘会議のメンバーは、学習会を町内で展開する際に世話になっていた各地域のボス的な漁師三〇名ほどと、総会前夜、否決に向けた対策を練っており、それが功を奏した形であった。

なぜ、漁師たちは反対に回ったのか。奥本は「原子力発電所というのはどういうことかってある程度分かった段階で、漁師ですから、我々以上に、海がダメになるというのがピンと来たんでしょうな」と、そして次第に、漁師たちから「いいいい。お前らはなんもしゃべんなくたっていい。俺たちは漁師だから、わかってるから」と言われ、学習会を続ける必要がなくなっていったと述懐している。

その後、共闘会議のメンバーが中心となって「大間原発に土地を売らない会」があらたに結成され、原子力発電所の建設予定地域で、少しでも多くの土地を獲得しようとする運動が展開されていく。

海域での調査、可決へ

出鼻をくじかれたかっこうの電源開発は、大間町に事務所を置き、百名体制で地元対策を展開した。奥本によると、電源開発の社員は二～三人で一組となり、塩や水をまかれて「帰れ！」と怒鳴られても、反対する漁師宅にずっと通い詰めたという。「それを毎日のようにやられるわけ。雨の日でも凪の日でも。そうするとやっぱりさすがに今度は、雨の日なんかはさ、『濡れるしてじゃあなかに入んないさ』とはじめてそこで許可が出るわけだ。そうしているうちに、ひとつふたつ会話が交わされて、そのうち『立って話するのもなんだから腰かけろ』と、今度は腰かけて話して、会話が。そうしてそこの家の人が、やがてお茶を出してくる。お茶が出れば終わりさ」。そうやって仲良くなった漁師宅では、昆布獲りの手伝い、屋根のペンキ塗り、昆布干し場の除草など、「そこまでやるかよ」という活動が展開され、早いと三か月、長い場合だと半年から一年で原発賛成へと鞍替えしていった。

そして、二年後の一九八七年六月六日、大間漁協で、またしても原発関連の調査を受け入れるか否かの臨時総会が開催された。八五年の総会前と同じように、ボス的な漁師三〇名ほどと対策を練っていた奥本は、このとき、ある漁師からこう問いかけられた。

「奥本、もし明日の総会で、反対が負けたら、そのあとお前達はどうすんのよ?」

この言葉を聞いたとき、奥本は「あ、終わっちゃった」と、「この人たちとの反原発の闘いが終わっちゃった」と予感したという。その予感は的中し、今度は調査の受け入れが可決され、いくら漁業補償を獲得できるかに焦点が移っていった[3]。そして、この八七年の総会以降、大間の町の空気は一変していく。それまでは、原発の是非に関する意見は「気ままに言えた」。しかし、漁協の同意により原発の建設に向かって火ぶたが切られると、漁業補償、工事関係、それらにより潤う商店など、利益を得る人が増えていくにしたがって、内心では反対であったとしても、とても本音で語れない雰囲気になっていく。「例えば兄弟が5人いれば、ひとりでもかかわっていれば、五人が言えなくなっちゃうじゃん。五人の人が口をつぐむ」、そういう図式が町のなかで出来上がってしまったのである。

何がいけなかったのか。奥本は、その要因について次のように語っている。

「東通も六ヶ所もそうなんだけども、大間だけが、当事者の中からのリーダーが（反対運動組織のなかに―

大間・奥戸両漁協が受け入れた結果、建設されることになった大間原子力発電所（中央右）。奥には大間の、手前ガード下には奥戸の街が広がる（筆者撮影）

筆者挿入）いなかったんだよね。労働組合が中心になって反原発運動を作り上げて、引っ張ってきたわけさ。だから途中でだれか、漁師の人のなかから、二～三人の人が先頭に立って反対運動を引っ張っていくようでないと長続きしないような気がしていたんで、だめだなぁと思いながら、ついつい、自分たちで引っ張るのが精いっぱいていう感じもあって、まなんとか、あまり特に問題もなく来てしまったというところがあってね。あとで、こういったいわゆる地域運動をするときに、やっぱりその主体となる人がどういう人なのかっていうのが大事だなと思いましたね。失敗した、終わったなと思ったとき、あやっぱりリーダーが漁師のなかにいなかったということが頭によぎったんだけどね」

三　意見の背景まで聴く対話の重要性――〈他者の思いによりそう民主主義〉に向けて

このように、大間で原発についての意見が言いづらくなっていくプロセスは、奥本が身を捧げてきた運動の衰退と軌を一にするものであった。それゆえ、その渦中にいた奥本は、深い後悔を抱え続けたのである。しかし、奥本は、命を閉ざすまで、けっして大間原発の中止を諦めてはいなかった。むしろ希望があるとすら語っていた。その彼が、晩年、自らの姿勢として課したのは、民主主義であった。

では、奥本のいう民主主義とは何か？　私たちは、奥本の思想から、困難な課題を抱える地域で、自由に対話できる可能性をどう学べばよいのだろうか？　次に、これらの問いについて考察しよう。

民主主義の前提――無知のヴェールに包まれた「負荷なき自己」

奥本は、当事者である漁師が共闘会議に加わっていなかったことに加え、もうひとつ、運動を衰退させた要因についてこう分析している。「最初は原発ダメだね、温排水が流されるとこの海は多分ダメになるよという、そういった面ばっかりを追及してきたように思うんですよ。でも、それだけだとやっぱり、原子力発電所がいいのか悪いのかの話になってしまって、で、それだとやっぱりどうしてもカネと権力、そういうのに絶対勝てないという状況が作り出されていくんですよね」。

原発は、原子炉を冷やすため、取水時より最大で七度ほど高い排水を放出する。この温排水が津軽海峡の海に与える影響は、漁師たちには痛いほどわかっていた。そういう状況のなかで、いくら電源開発の猛烈な巻き返しがあったとはいえ、八五年から八七年というわずか二年の間に、なぜ多くの漁師が賛成へと鞍替えしていったのだろうか。その背景には、実はマグロ漁の極度の不漁があった（水口 2015）。八七年の総会前の打ち合わせ時、奥本が今回はだめかもしれないと思った漁師の言葉は、ほかにもあった。

「奥本、おめぇ、あの家の米びつ見たことあっか？」

当然のことだけれども、魚が取れなければ、漁師は生活が成り立たない。そういう状況だと、いくら海を汚す相手であっても、個別補償に応じ、いまこのときの苦境を救ってくれる可能性があるのなら、そちらに踵を返すのを止めるのは難しい。そうしなければ、家族が路頭に迷ってしまうのだから…。

奥本は、漁師の言葉を聞くまで、そのような事態の広がっている状況に気づいていなかった。そして、先述のとおり、このときとっさに感じた「今回はだめかもしれない」という予感は的中し、その後、海の調査と漁業補償交渉が順次進められていったのである。

ところで、原発の温排水はだめだ、という次元での説得の、何がいけなかったのだろうか。

自分たちが漁をする海が、たとえ温排水によって侵されていなかったとしても、マグロが獲れなければ、漁師の生活は成り立たない。つまり、ギリギリの生活を強いられ始め、今日明日の糧が必要だった漁師にとって、温排水はダメだというだけの議論は、「それはわかるけれど、いま必要なのはそういう話ではないんだよね」というレベルの意見として受け止められてしまっていた可能性がある。むしろこのとき必要だったのは、生活していくために原発に代わる何かを希求する、これからの話だったのではないか。

一九八六年四月二六日には、チェルノブイリ原発事故が起こった。だから、ひとたび原発が暴走すれば、ふるさとが失われ、漁もできなくなり、みんなのいのち（生存権）が脅かされる未来が来るという現実は、漁師たちにも痛いほど共有されていたであろう。それでも漁師たちは、原発を選んだ。

ここからわかるのは、民主主義の前提となっている「負荷なき自己」という前提の限界である。

少し難しいので、説明してみよう。民主主義国家では、国民が主権者である。だから、憲法に書かれている権利は、主権者である国民がまず話し合って確定したものを、権力者が守るべきものとして明記したものだというたてつけになっている。つまり憲法は、主権者たる国民が、暴走しがちな権力を縛るためのルールなのだ。このような仕組みを立憲主義という。それゆえ立憲主義は、まず、ある社会をつくろうと集まった人びとが、社会のルールを話し合い、たがいに合意して権力を確定する社会契約を前提としている。[4]

政治哲学者のジョン・ロールズは、このように、人びとが国家をつくろうとするとき、たがいに、相手の性別・人種・職業・金持ちか否かといった属性を知らずに（これを「無知のヴェール」という）話し合うほうが、最良のルールを導き出せると主張した。なぜなら、たがいの属性を知らないからこそ、誰にでも該当すると認められる規範を選択したほうが、自分を含め、みんなにとってよりよいルールだと考えるはずだからである。それゆえ、人びとは、話合いの結果、正義の二原理[5]を選択するだろう、とロールズはいう。

たしかに、温排水の影響や、原発事故後の過酷さといった事実は、地球上に生きる誰にでも当てはまり、生存権を侵害しうるという点で、それがないほうがよいという規範を導きうる。その意味で、「負荷なき自己」を前提とした合意形成にはおおきな意義がある。けれども、原発の建設を許すか否かといったような特定の地域の課題においては、無知のヴェールを前提とした議論だけでは未来が見通せない。建設するか否かの選択が、いま、このときの生活を維持できるか否かという切実な願いと直結しうる以上、地域で暮らす一人ひとりの人生の未来とつながる議論でなければ、合意を得るのは難しいはずだからである。

それゆえ、個々人に属する特定の文脈をあえて捨て去ったうえで合意を導こうとする次元の議論だけでは、たがいに腑に落ちるところでの共感を得るのは難しいという事実を、奥本の後悔は教えてくれる。

対話の前提──「負荷ありし自己」を尊重した〈他者の思いによりそう民主主義〉へ

では、個々人の生活の文脈を大切にしたうえで議論し、合意を見出していくためには、いったい何が必要なのだろうか？　この問いについて考えるときにも、奥本の思想は興味深い論点を与えてくれる。

奥本は、「民主主義は、ひとえに相手の気持ちがわかる心だと思う。そこから出発するのではないだろうか」と語っている。奥本のこの言葉には、ある思いが込められている。先述のとおり、奥本が原子力船むつ出航阻止行動に参加したのも、共闘会議のメンバーになったのも、労働組合に入っていたのが理由であって、原発の問題点を理解し能動的に選択した結果というわけではなかった。原発の危険性が確信に変わっていったのは、地域での学習会を通じた学びによってであった。そうした経験から、八七年の大間・八八年の奥戸両漁協総会決定で原発受け入れへと町の空気が転換したのを機に、奥本には次のような心境の変化が訪れた。

「一九八五年から二年間の、原発反対派に対する町当局と企業の攻撃は凄まじかった。そのとき、なぜこれほどまでに執拗に彼らは原発を推進しようとしているのかを私なりに考えた。そして人間の生き方の問題として考えなければならないと思ったのです。人は、たたかいの意味を自分の問題として心の底から理解したとき、どんなことがあっても音を上げないで、たたかう姿勢をつらぬいていけるのだと思う」（稲沢・三浦 2014）。

ただし、奥本のこの決意は、他者の意見に耳を貸さず、徹底抗戦するという姿勢を意味しているのではない。むしろ逆である。そこでキーになってくるのが〈相手の気持ちがわかる心〉である。

奥本は、意味が分からず参加した原子力船むつ航行反対デモの際、体を張っている漁師たちをみて、中学生の頃に潜って遊んだ大間の海の豊かさを思い出していた。そこは、ウニやアワビがたくさんいる、豊かな海であった。その後、共闘会議のメンバーになり、学習会を重ね原発の危険性に気づく過程で、子どもの頃に感じた、あの豊かな海を、原発に奪われたくないと願うようになっていった。つまり、奥本自身、自らの人生の文脈に原発計画を落とし込み、自分なりの原発反対の理由を導いていたわけである。

そうであるならば、賛成する人も、おかしいと思うけれど声を上げられない人も、自分なりの背景を持って原発と向き合っているのではないか。そういうふうに考え方が変わっていったからこそ、賛成する人も、声を上げられない人も、反対する自分も、心の根っこにはなにか同じ思いがあるはずだ、と奥本は気付いたのである。

「やっぱりこの町を残したい、よくしたい。だから、将来の経済が心配、町の経済、活性化が心配だから企業を呼ぼう、と。まあ、結果的にそれが原発なんだけどもね。～中略～　でも私たちは、いや、そういうヤバいもの来たら町は壊れていくよと、だから反対すると。何のことはない、大間の町をなんとかしようっつうのは同じなのさ。」

それなのに、ただ原発はおかしいと叫び続けるだけでは、八七年に味わった後悔を再来させるだけだ。むしろ、さまざまな考えの人たちと、その考えの背景まで聴いて対話することこそ、これから重要になっていくはずだ――奥本の、民主主義とは〈相手の気持ちがわかる心〉だという言葉には、こうした意味が込められているのである。それゆえ奥本は、役場の職員や町議会議員、町長とも、折を見て対話をし続けた。

この考え方は、一世を風靡した哲学者マイケル・サンデルのいう「負荷ありし自己」と共通する側面を持つ人間観だといえる。サンデルは、人びとが規範を求めるとき、たがいの属性を超越して誰にでも当てはまるルールを考えることは、人間には難しいと主張した。そして、人びとが話し合って規範を導き出すとき、それぞれの人間がもつ属性や利害、経験に照らして自らの意見を表明しているはずだと指摘した。それゆえ、サンデルは、無知のヴェールによって抽象化される人間像を「負荷なき自己」だと表現し、ロールズを批判した。それとは反対に、人びとはむしろ様々なものを背負って議論の場に臨むはずだと考え、そういう人びとのありようを「負荷ありし自己」と表現し、重視したのである（サンデル 2009）。

他者と議論するとき、相手の考えの背景にある思考のすじみちやそれを裏付ける経験などを尊重しつつ語りあってはじめて、民主主義は成り立つのではないか、未来を語る素地ができるのではないか――これこそが、自らの反省を通じて奥本が到達した、民主主義とは〈相手の気持ちがわかる心〉であるという言葉の真意であり、私たちの学ぶべき視座ではないかと思うのだ。

本稿では、奥本のこのような実践を〈他者の思いによりそう民主主義〉と定義したい。そのうえで、地域における自由な対話の前提条件として、私たちに有益な示唆を与えてくれる思想といえるのではないか、と提起したい。

四　希望――対話への胎動

では、いまの大間で、そのような対話のある未来を期待するのは、難しいのだろうか。奥本は、そうした自由な対話への胎動はあると、はっきり希望を口にしていた。

奥本は、下北半島と道南とを結ぶ圏域で高まる地域おこしの機運や、下北半島のジオパーク認定など、活発化している地域おこしの動きは希望だと語っていた。それは、こうした動きが、まさに、八七年の敗北時、奥本が自分たちの運動に足りなかったと後悔していたことだからである。

「ただ、ただね、矛盾するわけさ」、「ジオパークという、なんていうの、簡単に言うと、その地域の特徴とか、地質とかいろいろ絡んでくるんでしょ。せばさ、いっつもここがネックになる」。なぜなら「一生懸

大マグロックのようす（筆者撮影）

命がんばって、一生懸命潤って、経済変えるでしょ。ある程度豊かになる。でも、ひとたび原発事故が起きたらすべてがパーになっちゃう」からである。だから、地域おこしを頑張っている人たちに、ぜひそのことも考えてほしいと奥本はいう。

その思いは、着実に広がってきてもいる。二〇〇八年に奥本が有志と共に立ち上げた大マグロックでは、ロックフェスの開始前に大間町内を練り歩くデモが開催される。初めの頃は、家のなかからデモ隊に手を振ってくれる人が数名いる程度だったのが、東日本大震災後は、玄関先まで激励に出てきてくれる町の人も現れ始めた。そして「今年の大マグロックなんかでもね、私の知らないうちに、大間の人も何人か参加してくれたんだよね」、「『いやぁ、奥本さん、実は私今回参加したんだよ』って。びっくりしたもんね〜。『大丈夫だか？』って思わずこっちが」言わざるを得なかったと嬉しそうに語っていたのが思い出される。

また「大間原発ができるかどうかは、私はもう、ざっくりいって、司法の場に移ってると思っているんですよ」と、そのためには、裁判官も人間なのだから、心があると信じて、世論を作っていかないといけない、とも語っていた。二〇一〇年七月二八日に函館地裁に提訴されたいわゆる大間原発訴訟の原告でもあった奥本は、裁判を通じて、大間原発の危険性と、おかしいという思いの背景について、若い世代に、あるいは無関心な地域の人びとに可視化しつつ、地域で対話が起こるきっかけにしたかったのかもしれない。

大マグロックも、大間原発裁判も、いまだ続いている。意見表明できなくとも、さまざまな思いを抱える住民はたくさんいる。「つくってはいけないという判断が出るまでは、これは闘いは続けなければなんないの」という奥本の遺志は、着実に受け継がれている。そうして、少しずつ、奥本が大事にした〈他者を思いやる心〉を基盤にした民主主義が根付き、花開く時がくるかもしれない。

〔注〕

(1) ある大間出身の女性は、海を見ていたとき、ここに原発ができたらどうなるんだろうという複雑な気持ちが入り乱れ、涙がこみあげてきて止まらなくなったという。

(2) 本稿における奥本の言葉は、筆者らによる三回のインタビューデータ（二〇一五年九月九日、二〇一六年九月一三日、二〇一八年四月一八日）より引用している。

(3) 奥戸漁協で臨時総会が開催され、原発対策委員会の設置が承認されたのは、翌一九八八年四月二一日である。

(4) 関連して、アメリカ独立戦争期の哲学者トマス・ペインは次のように述べている。「憲法は政府に先立つ存在であり、政府は憲法から作り出されたものであるにすぎない。一国の憲法は、その国の政府の行為ではなく、政府を構成する人民の行為であるのだ」（ペイン 1971）。

(5) ロールズのいう正義の二原理を筆者なりに咀嚼すると、次のようになる。まず、社会のなかでは、だれもが、他者と同じように基本的な自由をもつべきだという第一原理。しかし、自由な社会では、社会的・経済的な不平等が発生してしまうので、次の二つの原則からなる第二原理が必須とされる。社会的・経済的不平等は、最も不利益を被っている人びとが有利になると期待できる限りで許され（格差原理）、さらに、現時点において不利な状況にある人もまた、努力すれば社会的・経済的な地位を上昇させることができるよう、すべての人にたいし、社会における職務や地位が開かれている必要がある（機会の公正な平等原理）。

〔文献〕

稲沢潤子・三浦京子（2014）『大間・新原発を止めろ――核燃サイクルのための専用炉』大月書店。

西尾　漠（2019）『反原発運動四十五年史』緑風出版。

水口憲哉（2015）『原発に侵される海――温排水と漁業、そして海の生きものたち』南方新社。

ジョン・ロールズ、田中成明ほか訳（2004）『公正としての正義　再説』岩波書店。

トマス・ペイン、西川正身訳（1971）『人間の権利』岩波文庫。

マイケル・サンデル、菊池理夫訳（2009）『リベラリズムと正義の限界』勁草書房。

〔付記〕

本研究はＪＳＰＳ科研費１６Ｋ１６２３５および２３Ｋ１１５４３の助成を受けたものです。

第五章

激変した生まれ故郷で変わらない暮らしを残したい

——六ヶ所村に戻り住み続ける理由

小山田和代

＊菊川慶子（きくかわ・けいこ）氏

一九四八年青森県生まれ。幼少期を六ヶ所村で過ごす。両親は樺太からの引き揚げ者。一九六四年、中学卒業後に集団就職で上京。チェルノブイリ原発事故（一九八六年）をきっかけに、故郷六ヶ所村に建設されようとしていた核燃料サイクル施設に問題意識を持ち、一九九〇年に六ヶ所村へUターン、反対運動にかかわり始める。反対運動のなかでは「核燃に頼らない村づくり」を掲げ続ける。二〇〇六年に公開された映画「六ヶ所村ラプソディー」（鎌仲ひとみ監督）の主要登場人物でもある。

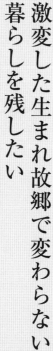

一　はじめに

六ヶ所村は、新全国総合開発計画（一九六九年）の中心プロジェクトの一つであった「むつ小川原開発」の中心地域であったが、よく知られているように、高度経済成長の終焉とともに開発計画は頓挫し、国家石油備蓄基地のみが建設されることになった。その後、一九八四年に核燃料サイクル施設の建設計画が発表され、同村はこんどはこの計画に巻き込まれることになった。むつ小川原開発のことを耳にしたことがある人であれば、遅々として進まない巨大な国家プロジェクトにもやもやした気持ちや漠然とした不安を感じる人もいると思うが、反対の意思表明をし、行動することに共感する人は、もしかすれば少ないかもしれない。

本章では、三〇年以上に渡り反対の意思表明をしてきた菊川慶子について取り上げる。その理由としては、わかりやすく括られやすい「反対」という主張の解像度を上げていくと、今の暮らしのままで本当にいいのかと菊川から私たちに投げかけられている問いがそこにあるからだ。本章では、核燃料サイクル施設やむつ小川原開発について簡単に確認したうえで、核燃料サイクル施設が故郷に建設されることになり、菊川がどのように自分の生き方を変え、反対運動に関わるなかで、どのような認識を持つに至ったのかについて提示することで、菊川が最終的に何を主張しようとしているのかを明らかにしたい。

二　むつ小川原開発と核燃料サイクル施設の略史

核燃料サイクル施設とその現在

まず、核燃料サイクル施設とは何であり、六ヶ所村にはどのような施設があるのか、そしてその何が問題か、について簡単に説明しておきたい。

日本の原子力政策は、一九五六年に原子力委員会が示した長期計画において、極力国内で燃料の自給体制を確立するために、将来的には核燃料サイクルを確立することが想定された。原子力発電においては、発電後の使用済み核燃料をそのまま廃棄物として処理するワンスルー方式があるが、日本は使用済み核燃料から資源を取り出す再処理という工程を行い、再び燃料として発電を行う核燃料サイクルの選択をし進めてきたのである。

六ヶ所村にはこの再処理を行う上で要となる再処理工場に加え、再処理から取り出したプルトニウムとウランを通常の軽水炉向け燃料とするMOX燃料工場が建設中である。また、すでに完成している施設として、原子力発電に使用するために天然ウランを濃縮するウラン濃縮工場、低レベル放射性廃棄物埋設センター、高レベル放射性廃棄物[1]貯蔵管理センターがあり、原子力産業の一大集積地となっている。

これらの施設のうち、特に多くの懸念が指摘されている施設が再処理工場である。ここでいくつか指摘されている懸念について確認すると、まず、原子力発電所から出された使用済み核燃料を輸送容器（キャスク）から開け、切る（せん断する）こと、その後の加工を行うことに対して、予期せぬ臨界事故が発生する可能性があるという指摘や、再処理の工程から大気及び海洋へトリチウム、ヨウ素、コバルト、ストロンチウム、セシウムなどの放射性物質が放出され、環境及び人体への影響が懸念されている[2]。また、下北半島東部の隆起を引き起こしている大陸棚外縁断層活断層の南側の分岐の一つが、再処理工場の直下を通っており、日本原燃の断層区分に間違いがあるという指摘もある（小出ほか 2012）。それどころか、一九九三年に再処理工場の建設が着工されて以来すでに三〇年以上が経過しているが、再処理工場はまだ完成していない。二〇二四年八月には二七回目の竣工見送りが発表され、建設費や今後発生する四〇年間の操業費、事業終了後の廃止などを含む総事業費は約一五兆円に上ることも発表された[3]。

そもそも、当初の計画では、再処理で取り出されたウランやプルトニウムは、福井で始動する予定だった高速増殖炉もんじゅの燃料とされる予定であった。しかし、もんじゅは一九九五年にナトリウム漏れ事故を起こす。その後、二〇一〇年に試験運転を再開したがトラブルが発生し、二〇一六年には廃止措置に至ることが発表された。このことで、高速増殖炉を前提としていた核燃料サイクルの見通しは立たなくなった。このままでは六ヶ所村の再処理工場が完成しても、取り出したウランやプルトニウムを燃料として使ってもらう先がない。そこで日本の原子力発電所の一部では、ウランやプルトニウムで作ったＭＯＸ燃料を一般の軽水炉で燃やすプルサーマルを行っている[4]。ただし、日本は一九七〇年代よりイギリスやフランスに再処理を委託してきており、長崎大学の核兵器根絶研究センター、核分裂性物質データ追跡チームの調査によれば、二〇二二年末の時点で、日本は非核保有国でありながらロシア、イギリス、フランス、米国に次ぐ五番目の量のプルトニウムを保有している[5]。再処理を行うとプルトニウムの量は増えることになる。このように、環境や人体への影響懸念、断層区分の間違い、膨れ上がる事業費、過剰なプルトニウムの保有など、核燃料サイクルを巡っては様々な懸念が指摘されている。

六ヶ所村がむつ小川原開発の対象となる

六ヶ所村にある核燃料サイクル施設とそれに関する懸念を振り返ったところで、それではそもそもなぜ六ヶ所村に核燃料サイクル施設が建設されているのかを確認したい。六ヶ所村にある核燃料サイクル施設計画は国家プロジェクトであるむつ小川原開発に位置づいており、核燃料サイクル施設がなぜ六ヶ所村に建設されているのかを知るには、むつ小川原開発の歴史を知る必要がある。ここでは、戦後の六ヶ所村の集落の構造を踏まえたうえで、むつ小川原開発がどのように進行したのかを確認したい。

六ヶ所村の集落は生業により概ね三つのタイプに分けることができる。一つ目は、既存の漁村集落で、その代表は泊《とまり》である。泊は六ヶ所村で最も古い歴史を持ち、最も大きな地区である。村で最も北部に位置する太平洋沿岸に集落が形成されており、主な産業は一九二〇年代よりイカ釣りである。青森県知事が核燃施設の受け入れを表明した一九八五年においては、六ヶ所村全体の村民の約四分の一が泊に住んでいた（六ヶ所村 2007）。二つ目は同じく既存集落でも半農半漁の集落である。主には平沼、新納屋、鷹架《たかほこ》、尾駮《おぶち》などであり、これらの地域では元来イワシ漁によって暮らしが築かれてきたが、イワシ漁の衰退とともに、陸に上がるようになり半農半漁で暮らしていた。そして三つ目が戦後の開拓集落であり、本章で取り扱うむつ小川原開発の中心地域となる場所が含まれるタイプである。この戦後開拓集落がむつ小川原開発とも密接となるので詳しく見ていくと、六ヶ所村には二つの戦後開拓事業がある。一つ目は、一九四六年から一九五四年までの戦後緊急開拓で、二つ目は一九五六年から一九五九年の間の北部上北開発で、合計一六の開拓集落が拓かれた（福島 1979）。六ヶ所村へ入植した人々は、戦前の山形県の分郷計画によって満州等で開拓をした人たちの引き揚げ者や「満蒙開拓青少年義勇軍」として募られた人びとである（六ヶ所村史編纂委員会 1997）。開拓地の生活は厳しく、特に冬の主食はジャガイモやアワがゆ、ヒエめしであったという（六ヶ所村教育委員会 1965)。そして、幾年もかけて開拓した開拓集落を一九五三年、五四年と立て続けに凶作が襲った。開拓地では畑作から酪農に転換したが、国や県の政策等の影響により多額の負債を抱え込んでいたという（関西大学経済・政治研究所　環境問題研究班 1979)。ただし、その後は一九六九年に県の酪農振興センターが建設されるなど、県内有数の酪農地帯として示され、認められるようになったり開田事業も進んだりして、この頃、六ヶ所村の農業基盤は確立したという（船橋ほか 1998)。

ところが、ちょうどこの農業や酪農が負債を多く抱える状況から脱却の兆しが見えてきた時、東京に本社を持つ不動産業者がなぜか六ヶ所村の土地を購入し始める。不動産業者は、「観光牧場をつくる」「養鶏場をつくる」などのふれこみで土地を購入し始めたという。一九六九年に新全国総合開発計画により指定されたむつ小川原開発計画が公になる前の出来事である（関西大学経済・政治研究所　環境問題研究班 1979)。二束三文の土地価格がいきなり高騰したことで、農機具などを買うために借金をしていた農家は、借金を返すために土地を売った。

その後、一九七一年に提示されたむつ小川原開発計画の一次案では、石油精製、石油化学、火力発電を主にする施設の構想開発区域は三沢市、六ヶ所村、野辺地町に及び、一万人弱が立ち退きを迫られるものであった。しかしアメリカで金とドルの交換停止が宣言されるニクソン・ショックによる経済混乱の影響等を受け、同年中に発表された二次案では計画は大幅に縮小。むつ小川原開発の中心地は六ヶ所村となった。村民自身の意見を反映させる機会であった村長選挙は一九七三年末に行われ、厳しい選挙戦の結果、条件付き開発の立場に立つ古川伊勢松がわずかな差で開発反対を掲げる現職の寺下力三郎村長を退けた。この頃にはむつ小川原開発公社による土地取得の合計は、開発区域内の民有地の七割にまで達していたという（船橋ほか 1998)。だが、この一九七三年、グローバルレベルではオイルショックが起こり、経済状況は悪化していた。開発はその後、一九七五年にさらに規模が縮小された形で閣議決定がされた。

そして、結果的に、石油関連の企業の誘致は進まなかった。むつ小川原開発株式会社の借入金は年々増加、一九七六年末には、開発用地内の民有地の約九三%を買収したが、負債の合計は五一七億円へと達した。漁業補償の終結後である一九八三年末には一三九六億円もの負債となった（船橋ほか 1998）。ここまでで読者もお気づきと思うが、むつ小川原開発は、開発計画が決まる前でかつグローバル経済が混乱し計画も不明瞭な中でも土地が買収され進めることを決めてしまったのだ。

一方、この頃、電気事業連合会はウラン濃縮工場、再処理工場、低レベル放射性廃棄物の建設用地となる核燃料サイクル施設の立地場所を探していた。再処理工場の候補は、志布志湾開発を進めていた鹿児島県の離島が第一候補であったが、反対住民運動や鹿児島県知事や議会が反対を表明。電力業界の視野は青森県へと向かっていくことになる。一九八四年七月に電気事業連合会が青森県と六ヶ所村に核燃料サイクル施設の立地の正式要請を行い、一九八五年四月に県と六ヶ所村が受け入れを正式決定し、電気事業連合会などとの立地基本調停に調印した。

その後、核燃料サイクル事業を行う日本原燃サービス株式会社とウラン濃縮と低レベル放射性廃棄物貯蔵にあたる日本原燃産業株式会社が設立され、一九八八年にはウラン濃縮工場が着工、一九九〇年には低レベル廃棄物貯蔵施設が着工。一九九一年には六ヶ所ＰＲセンターが開業し、一九九二年にはウラン濃縮工場、低レベル放射性埋設センターの操業が開始し、六ヶ所村に低レベル放射性廃棄物の搬入が始まった。また同年には二社が合併し日本原燃株式会社となった。そして、一九九三年からは再処理工場の建設が始まった。一九九五年には高レベル放射性廃棄物も六ヶ所村に搬入された。

反対運動の展開

これらの開発の進行のなかで、村は賛否の二分となった。二次案の発表後、反対派の住民たちは「六ヶ所村むつ小川原開発反対同盟」を組織。一方の推進派は「むつ小川原開発促進六ヶ所村青年協議会」を組織させ、それぞれが運動を始めることになった。村議会では当初は反対派が優勢であったが、賛成派が増え、反対を表明していた寺下村長へのリコールが行われるなど混乱した。その後、一九七三年に行われた村長選挙では、賛成派の古川伊勢松が現職を破り当選。一九七七年の村長選挙でも接戦の上、古川が当選し、古川はその後の核燃料サイクルにも推進を表明してきた。だが、むつ小川原開発に核燃料サイクルが来るにあって、六ヶ所村最大の既存集落である泊で「核燃から漁場を守る会」が結成された。泊は漁師町で、マーシャル諸島ビキニ環礁でのアメリカによる水素爆弾実験に居合わせた第五福竜丸での被ばく事故を漁師たちが覚えていたためだ（鎌田 1991a）。一九八六年六月に行われた海域調査では、反対派は四二艇の漁船を出し作業船を妨害しようとした。反対派は次々と逮捕され、村内の運動は切り崩された。

一方で同じく一九八六年四月二六日にチェルノブイリ原発で事故が発生。これをきっかけに反対運動は村外でも活発となり、一九八七年には県農業四団体が「核燃料サイクル建設阻止実行委員会」を発足させ、一九八八年には「核燃料サイクル阻止一万人訴訟原告団」が発足した。

その後、核燃料サイクルへの賛否が争点となった村長選挙が一九八九年に行われ、核燃推進派の古川、「凍結」派の土田浩、白紙撤回の高梨酉蔵で争われる。凍結を打ち出した土田は反対派の票も集め当選したものの、土田は当選後、推進に態度を変えた。反対派の期待は裏切られたのだ。

そして一九九一年の県知事選、これが核燃選挙と言われたもので、現職の北村正哉、社民・共産党が推進する金沢茂、自民党の一部が支持する山崎竜男の三者で争われたが、北村が四選を果たした。この村長選及び県知事選により、むつ小川原開発は一九七一年に新全国総合開発計画のなかに位置付けられて以降二〇年を要し、核燃料サイクル施設の立地を持って一つの決着となり、反対運動は徐々に停滞していくことになる。

三　核燃を知り、生き方を変える

家族を説得し、Uターンする

前述のように、核燃料サイクル施設の立地について、事態は覆りそうもないと反対運動に携わっていた人たちが諦めかけていた時、菊川は故郷の六ヶ所村にUターンする。一九八六年四月のチェルノブイリ原発事故がきっかけである。

事故の前、菊川は集団就職で上京後、二三歳で結婚。のちに子どもが生まれ、自然の中でのびのびとできる環境を子どもたちに作ってやりたいと田舎暮らしを考えるようになり、実際に岐阜県に理想的な土地の購入までしていた（菊川 2010）。子どもたちのためという理由もあるが菊川自身が、「都会の生活は、ただ物を買うだけ、消費するだけということで、本当に息苦しくなったり、物足りなくな」り、「東京の本当にどこか山に登りたいと思っても、長い時間かけて電車に乗って山に行っても、皆ぞろぞろつながって歩くだけって、もう、なんか耐えられないと思うようになっ」たのだという[6]。

そのような平穏な理想を求めていたなか、チェルノブイリ原発事故をきっかけに故郷の核燃計画へ関心が芽生える。自分なりに勉強していくうちに、六ヶ所村で進んでいる核燃施設のことも知るようになり、六ヶ所村の放射能汚染を止めなければという義務感から、岐阜への移住をあきらめ、家族を説得し、六ヶ所村へ家族とともに一九九〇年三月にUターンをした。菊川が四〇代前半の頃である。

私、反対運動、市民運動は関わってなかったんですけれど、できればその、反対運動のお手伝いをしたいなと思って、考えて帰ってきたんです。自分が中心になるなんて思ってもいなかったんです。すごく、人づきあいが苦手でしたから。

「人づきあいが苦手」な菊川はあくまでも「反対運動のお手伝い」をするために戻ってきたのであるが、菊川がＵターンしてきたことは、村の反対運動に希望を与えた。

一九八四年から始めた反対運動が最後の村長選挙でつぶれてしまったということで、本当に皆疲れきっていたんですよ。だから、何で今さらというより、まだ自分たちの中で消化できないといいますかね、納得できないものがいっぱいあって。土田さんを応援した人も、そうでない人も、すごくこう、反対運動としては動けないけれど、何かしたいと、もう、動けないと。むしろ、私は希望の星というか、とんでもないと思いましたけど。希望をつなげていられるという存在だったんだと思います。

ではここから、菊川がどのように考え、どのような活動を行ったのかを見ていこう。

ニュースレターの発行と女たちのつどいへの参加

Ｕターンした菊川は、まずは反対運動に関する村内での情報共有のため、ニュースレター「うつぎ」を発行しはじめる。村内の反対運動をやっている人たちが、お互いに相手のことを知らないということに課題意識を感じ、共通の理解が持てるようにという考えで作成し、初期は村内に無料配布した。「うつぎ」では、核燃の動向に関するニュースや反対派の活動、核燃に関する問題点の指摘、「ホンネで語ろう　わが村」という村内の人たちへのインタビュー、料理レシピ、催物について伝えられている。発行に際しては、写真家の島田恵などの複数人で毎月編集会議を重ね、一九九八年七月までは月刊で発行していた（菊川 2010）[7]。

このように一見手慣れたように反対運動にかかわり始めた菊川だが、菊川は六ヶ所村の反対運動に関係する市民運動にかかわった経験があるわけではない。その菊川がUターン初期にかかわったものの一つが、一九九〇年一二月一五日、一六日に行われた「核燃とめたい女たちのつどい」である。このつどいとは、村内一五人、県内（村外）一六人、県外五五人が参加した女たちのキャンプである。安藤丈将によれば、このキャンプには、非暴力トレーニングなど強力な政治的資源を持たない人びとにも開かれた政治参加を可能にするための技法が織り込まれており、先行する社会運動で行われた人びとがお互いに傷つけ合ってきた歴史に対し、「弱さ」の許容と仲間への気づかいからなる人と人との関係、さらにはその関係を基盤にした民主主義という応答を示しているという（安藤 2019）。

この時のキャンプの経験は、一九九一年九月二七日の六ヶ所村が核燃への実質的な動きだしとなった、ウラン濃縮工場への六フッ化ウランの搬入時に生かされた。労組や様々な反対派が集まったが、「うつぎ」によれば、女性たちは「歌を歌いながら花を敷き詰めるなど、それぞれの思いを身体いっぱいで表現していた。時間がたつにつれ警備のほうも排除の体制に入り始め、花を踏み女たちの円を壊し始めたときには、浜のみんなと涙を流して手を握りあって」いたという。このキャンプの仲間は、菊川の著書『六ヶ所村ふるさとを吹く風』のなかで「すてきな仲間たち」と紹介されており、のちの菊川のこの問題へのかかわり方の基盤になった活動であった。

四　チューリップ畑と汚染、そして核燃に頼らない村づくりへ

反対運動にかかわり始めた菊川は、村の中で生業を持っていなかった。そのため、生活の糧づくりとして「花とハーブの里」というチューリップ農園を始め、一九九三年からチューリップ祭りを開始した（写真１）。当初はチューリップの球根のために花を摘みに来てもらおうと考え、実際にそのようにしたが、翌年からはチューリップ栽培としてはご法度でもある、花が咲いている時期のチューリップ球根の掘り返し栽培である。その時期に掘っても翌年も咲く品種があると大発見だったそうだ。

チューリップ祭りへの来場者は、初期は村内の方がほとんどで、それらの来場者は菊川が反対運動をしているとは知らなかった人も多かったという。開催初期は反対運動に関わる支援者も多かったが、徐々に花に惹かれてくる人が増え、核燃を進める原燃に勤めている人や村外からの来場者も多くなり、毎年の来場者数は二〇〇〇人から三〇〇〇人に上った。チューリップ祭りの狙いと反対運動の関係性について、菊川は次のように述べている。

皆すごく、花が好きなんですよ。核燃の作業で働いている人なんかも、お花いっぱい持ってるんですね。ここのお客様でもそういう人が多いんです。（中略）
反対運動の方を全面に出してしまうと、花を楽しむというか、もっと硬くなってしまいますし、私としては花を楽しんでもらいたいと思っています。そこで、買うなり、見物のためにお金を出してくれたりして、純粋に楽しんで帰ってもらえたらと思っていて、そのなかに片隅の方に（「核燃に頼らない村づ

くりを」という）メッセージ（写真2）を置いて、目に止まればそれでいいかなと思っていますね。（注引用者）

菊川はチューリップ祭りでは花を楽しんでもらうこと、人びとの共感を得ることを重視しており、花そのものを楽しんでもらうことが賛否を越えて村の人に来てもらう要因になっていると考えている。

菊川のチューリップ祭りは、一九九三年から二〇一二年まで一九回続いた。ただこのチューリップ祭りは一度だけ黒字であったが、いつも赤字であったという。その赤字の原因は、「子どもたちに安全な野菜を食べさせたくて畑をはじめた私は、チューリップをおもな作物にした後も地球を汚してしまうのがこわくて、畑に農薬をまくことができなかった」からという（菊川 2010）。この理由から、菊川が放射能に限らず、地球への「汚染」をいかに重視しているかを垣間見ることができるだろう。

写真1　チューリップ祭りの様子（筆者撮影）

写真2　チューリップ祭りで掲げられたメッセージ（筆者撮影）

また、もう一つ確認しておきたい点は「核燃に頼らない村づくり」である。菊川は次々と建設されていく核燃施設を見て、「核燃白紙撤回は現実的じゃない」と感じたという。「白紙撤回」ではなく「核燃に頼らない村づくり」という言葉を使うことで、核燃に頼らない生業を興し自立的に自由に過ごしたい、そうしたことがチューリップ畑には込められているのだ。

（村からの農業に対する助成金には、核燃施設からの税等が財源になっている可能性があるため）それ（助成金）をもらってしまうことで何も言えなくなるし、自由に物を考えられなくなるということもあると思うんです。そういうしがらみから抜けて、ここは本当に自然がここはすごく豊かなので、それを生かした産業っていうのを作っていきたいと思っていますから。反対運動というのとはちょっと違うのかもしれないけれど、自立っていう意味では、とても必要なことだと思います。「核燃に頼らない村づくりを」という言葉で仕事を作り始めて。（注引用者）

その後、二〇〇〇年代に入り、菊川の活動とは裏腹に、核燃料サイクル施設は稼働に向けて次々と手続きが進められていく。二〇〇〇年からは使用済み核燃料の本格搬入が始まり、二〇〇二年には再処理工場で化学試験が開始された。ニュースレターは「うつぎ」から「花とハーブの里通信」へと名前を変えた。「花とハーブの里通信」では、もちろん核燃に関するニュースも伝えているが、村外からの訪問者のコメントや日々の様子を伝える内容が増えている。「既成事実ができてしまって、もう本当、核燃城下町になってしまって。反対運動をして止められるという見通しが無くなった頃ですね。それよりは、村の情報を村外に伝えて行こうというように変えた」のだという。二〇〇六年には鎌仲ひとみ監督の映画「六ヶ所村ラプソディー」が公開され、菊川も主人公の一人であったことから、「花とハーブの里」には一五〇人から二〇〇人も来訪者がある月もあったという。

五　東日本最震災後、選挙へ出馬

二〇一一年の東日本大震災と福島第一原子力発電所事故が起こるが、菊川は体調を崩し、動けなくなってしまう。いろいろなことを試し、村からの保険の手当てが出る鍼灸治療で治そうとしたが、村から鍼灸治療師に菊川はもう治ったのではないか、などと菊川の状況を確認する電話が入ったという。鍼灸治療師に迷惑をかけてはいけないと考えた菊川は、二〇一三年頃に来訪者からニンニク療法を勧められ、それで何とか体調を取り戻した。

二〇一四年頃から動けるようになった時、ルバーブ畑の草刈りに来ていた村のアルバイトの方と村長選挙の話になった。そこで「出ないのか?」とシルバー人材の方に聞かれた菊川は、「まったくそういうつもりはなかったし、絶対勝ち目がない」と思い、「出ません」と答えると、アルバイトの方から今度は「諦めるのか?」と聞かれ、「本当は諦めていませんと言いたかったが、言えない」ということに気が付く。この会話は六月五日に行われたが、五日の夜に菊川は選挙に立候補するかを考え始め、六月六日に出馬を決めたという。立候補者の届け出が行われる告示日は六月一七日であったから、一〇日程前に決めたことになる。菊川はこのことについて、「ほんと、馬鹿みたいだと思いながら書類をもらってきた」と笑いながら語った。だが、菊川は自分自身の言動の不一致が許せなかったのだ。そしてこの選挙の中で一番うれしかったことは、日本原燃に勤務経験のある海外在住の若者が選挙のことを知り、わざわざ選挙期間中に駆けつけてくれたことだという。その若者は、六ヶ所村の近隣にもともと住んでいたが、菊川の存在はこれまで知らずに、この選挙を通じて出会うことになったという。菊川はこのように県外の人、村外の人のみならず、名前を明かせない村内の核燃関連施設で働いている人も含めた二〇〇人以上から選挙支援を受けたという。得票数は一五二票であった。菊川はこの後、支援者とともに地方選挙につなげていく必要があると考え、二〇一五年四月の村議選にも立候補し、五四票を得た。ここで確認しておきたいのは、菊川の得票が「たったの一五二票」「たったの五四票」しか集まらなかったことではない。絶対に勝利することは無理だとわかりつつも、自分の言動一致のために選挙に初めて立候補する。これは、菊川が自著の中で何と闘っているのかという問いに対して、「直接的には、それは責任所在が曖昧なままの国策、県庁や村職員、愛想のいい原燃社員です。ですが、最終的には恐いことを考えないようにしている自分自身と闘っているのかもしれません」（菊川 2010）と答えている言葉の延長線上にあると筆者は考える。菊川は反対運動を行っているが、長年電気を使いながら放射能のゴミに思い至らなかった責務を感じ、そのうえで「無邪気に遊ぶ何も知らない孫たちに、この猛毒物質を残していかざるをえないことを本当にすまないと思う」（菊川 2010）と記し、責任所在が曖昧の核燃問題の当事者性を彼女自身が引き受けているのだ。さらに具体的にいえば、彼女が引き受けているのは、核燃による経済性などのポジティブ面ではなく、政府が認めない核燃の環境影響やリスクの側面に関して当事者性を有しており、言動を一致させるために馬鹿みたいだと思いながら選挙に出る。そしてこの当事者性の源について、彼女は女性であることに言及している。「でも、こんなに危険なものが身近にありながら、何も起きないはずはないのです。いつも生活の雑用を片付けなければならない私たち女は、特にそれを知っているはずです。都合の悪い事実を見ないふりをしていても、消えてなくなるわけではないということを」（菊川 2010）。

六　六ヶ所村は豊かな場所という認識の言語化

青森県出身のジャーナリストの鎌田慧はむつ小川原開発に巻き込まれることになった六ヶ所村民たちの様子をルポルタージュとして『六ヶ所村の記録』にまとめているが、六ヶ所村に住む人たちからの批判を覚悟の上でと断ったうえで、「六ヶ所村はわたしの地図での『空白地帯』であって、集落あって生活しているひとたちがいるのを想像したことはなかった。それは津軽に住むものたちの無知とばかりいいきれないようで、隣接する三沢市や野辺地町のひとたちからでさえ、『鳥も通わぬ村』とか『青森県の満州』などと、ひとことにして片付けられていた」という（鎌田 1991a）。また、環境社会学者の長谷川公一も、六ヶ所村における反対運動の困難さについて、核燃料サイクル施設が誘致される前に用地買収などが完了してしまっていたことに加えて、六ヶ所村が持つ地理的・社会的・歴史的な「周辺性」の顕著さを要因の一つに挙げている（長谷川 2003）。

こうした辺境であるという空間認識について、アメリカでの高レベル放射性廃棄物の処分場所の行方を追った石山徳子は、候補地であるネバダ州のユッカ・マウンテンについて、現場が人里離れた辺境であるという空間認識が強調されたことで、先住民族をはじめとする地元の人々の生活文化、そして彼らが紡いできた土地や、場所と空間、景観に息づく生命体、事物、精霊（スピリット）との関係性が不可視化されてきたという（石山 2020）。この構造は、むつ小川原開発においても似たようなことが言えるのではないか。ここで、菊川が六ヶ所村に対してどのような認識を持っているのかを確認したい。

（六ヶ所村は）すごく豊かな場所だと思う。食べるということだけについても、うちの周りにあるものがいくらでもある、買物に行かなくてもそのまま何か月でも生きていける。それだけ豊かなものが普通に生産というか、残っている場所だと思う。（中略）（「地球の子ども新聞」が示す放射能汚染マップを開きながら）六ヶ所村とその周辺が、一番汚染されていないんですよね。でもその放射能のゴミが抱えている放射能の量というのは、各原発の比じゃないわけです。何かあったらここは壊滅してしまうと思う。一番放射能汚染が少ない場所でもあるけれども、抱えている危険は一番大きいという皮肉な場所なんですよね。でもここは本当に豊かな場所、土地だと思う。（注引用者）

菊川が大事にしたいものは、幼少期の頃、すなわち開拓時代のまだ生活が確立していない時期の暮らしではなく、「持続可能ということを根本に考え」、今よりずっと少ないもので生きていくための暮らしだ。六ヶ所村という場所について、すごく豊かな場所で、一番汚染されていない場所という認識を持っている。この土地でずっと、親から子へ、子から孫へとつながって生きていくことが大事なのだ。「同じ土地で同じ空を見るっていうようなことをずっと繰り返してきたら、それはどこかでそこに流れるものっていうのは同じだと思う」。菊川の家には母が植えた栗の木があるが、栗の木を見ても子どもの頃は何も気にせず、栗の実を蹴飛ばしたりしていたとしても、いまそれを見ると栗ご飯にしようなどと考える。親から子が同じ空の下、同じ自然環境の中で、豊かな生活文化を織りなす。菊川はそれをそのまま残したいだけで、「反対運動という活動ではなく、今大切にしている生活をそのまま続けたい」だけなのだ。そして、生活をそのまま続けたい場所は日本で一番放射能で汚染されていない場所としての六ヶ所村だ。菊川は再処理工場が稼働すれば増加するであろう「放射線」というフィルターを通すことで、今の六ヶ所村を「日本の中でも汚染されていない場所」として空間認識し、「豊かな場所」として言語化をすることで、辺境性や周辺性という六ヶ所村の位置づけからは見えなかった新たな六ヶ所村の意味づけを見出したのだ。

七　おわりに

むつ小川原開発で立ち退きの主な対象となった開拓地域の人たちは、故郷においても、満州などの国外においても、そして六ヶ所村においても、土地との関係構築は道半ばで、立ち退きを迫られた。加えて、万が一事故があれば、多くの人が立ち退きを迫られる。人類学者の金賢京は、場所は私たちのアイデンティティを構成する要素で、場所に対する闘争は存在に対して承認を要求する闘争でもあるとしている（金 2020）。菊川が体調を崩しながらも、今もこの場所にとどまり続け、核燃に頼らない村づくりを主張し続ける理由は、親が切り開き紡いだ豊かな六ヶ所村での生活をそのまま自分も紡ぎ、次世代にそのまま引き継ぎたいというシンプルなものだ。Uターンしてから三〇年以上に及ぶ六ヶ所村での暮らしのなかで、菊川は場所や土地と関係をつなぐことの意味を見出し、その価値を自身で証明していくために、いまも六ヶ所村で暮らしているのである。

〔注〕

（1）イギリスおよびフランスに再処理を委託した使用済み核燃料から発生した高レベル放射性廃棄物で、安定した形態に固化させたガラス固化体となって返還されたものであり、冷却・貯蔵のために「一時的に」保管されているもの。

（2）原子力資料情報室HP https://cnic.jp/knowledgeidx/rokkasho（最終アクセス二〇二四年一〇月七日）。小出ほか（2012）も参照。
（3）使用済燃料再処理・廃炉推進機構HP「再処理等の事業費について」https://www.nuro.or.jp/pdf/20240621_3.pdf（最終アクセス二〇二四年一〇月七日）
（4）六ヶ所村のMOX燃料工場はまだ完成しておらず、現在日本のプルサーマルで利用されているMOX燃料の加工は、フランスに委託したものである。
（5）長崎大学核兵器廃絶研究センター『世界の核物質データ』二〇二四年度版 https://www.recna.nagasaki-u.ac.jp/recna/topics/46424（最終アクセス二〇二四年一〇月七日）
（6）以下に引用する菊川の語りは、筆者が二〇一〇年八月二七日、二〇一四年七月一九日、二〇一五年九月一二日に実施したインタビューによっている。本文中に引用しているものは「」で括っている。
（7）「うつぎ」は、一九九八年一〇月から季刊となり、その後は「花とハーブの里通信」へと名前を変えた。「うつぎ」の一部は『六ヶ所村ふるさとを吹く風』にて参照されており、ご覧いただきたい。

〔文献〕

安藤丈将（2019）『脱原発の運動史――チェルノブイリ、福島、そしてこれから』岩波書店。

石山徳子（2020）『「犠牲区域」のアメリカ――核開発と先住民』岩波書店。

鎌田慧（1991a）『六ヶ所村の記録』上巻、岩波書店。

鎌田慧（1991b）『六ヶ所村の記録』下巻、岩波書店。

関西大学経済・政治研究所　環境問題研究班（1979）『むつ小川原開発計画の展開と諸問題「調査と資料」第28号』関西

大学経済・政治研究所。

菊川慶子（2010）『六ヶ所村ふるさとを吹く風』影書房。

金賢京（2020）『人、場所、歓待――平等な社会のための3つの概念』青土社。

小出裕章・渡辺満久・明石昇二郎（2012）『「最悪」の核施設――六ケ所再処理工場』集英社。

長谷川公一（2003）『環境運動と新しい公共圏――環境社会学のパースペクティブ』有斐閣。

福島達夫（1979）「六ヶ所村の村落構造（2）」『国民教育』第三九号、一三六～一五一頁。

舩橋晴俊・長谷川公一・飯島伸子（1998）『巨大地域開発の構想と帰結――むつ小川原開発と核燃料サイクル施設』東京大学出版会。

六ヶ所村史編纂委員会（1997）『六ヶ所村史』中巻、六ケ所村史刊行委員会。

六ヶ所村（2007）「六ヶ所村統計書　平成18年度版」六ヶ所村。

六ヶ所村教育委員会（1965）『六ヶ所村教育史』六ヶ所村教育委員会。

第六章

沈黙から、語り合いへ

――一発勝負で終わらない下北半島の作り方

西舘　崇

＊斎藤作治（さいとう・さくじ）氏

一九三〇年青森県下北郡田名部町（現むつ市）生まれ。明治大学商学部を出て、高校教師になる。生徒たちと共に地元のローカル線（大畑線）を歩く教育実践を行った他、「民主教育をすすめる下北の会」会長、下北地域文化研究所代表、使用済核燃料の中間貯蔵施設についての「住民投票を実現する会」共同代表をつとめるなど、下北地域における様々な市民運動・活動を牽引した。二〇一六年、逝去。

一　沈黙の下北半島？

筆者はかつて、三・一一後の下北半島について、閉鎖的で非民主的な社会が形成されつつあるのではないか、と書いたことがある。というのも、福島第一原発事故という未曾有の大災害を経験したにもかかわらず、その地域からは原発反対の声がほとんど聞こえてこなかったからである。あれだけの事故を目の当たりにして、変わらない人などいるのだろうか。どんな政治家でも、電力会社でも、変わらざるを得ないのではないか。地域全体を巻き込んだ原発論争がいよいよ始まるのではないか。筆者はそんなことを考えていた。しかし、三・一一後の下北半島は予想に反して静かであり沈黙しているように見えたのである。

震災一カ月後に行われた統一地方選を振り返ってみよう。まずは四月の青森県議選である。定数四八議席に対し六七名が立候補していたが、原発やエネルギー政策は争点となっていなかった。むつ市区（むつ市、大間町、東通村などを含む）では定数三に対して四名が立候補し、上北郡区（六ヶ所村を含む）では定数四に対して七名が立候補しているが、原子力政策の継続を否定する候補者はいなかった。選挙戦を通して、反原発、脱原発を明確に訴えたのは共産党と社民党であったが、共産党は二議席確保するも（議席数に増減なし）、社民党は議席を失った。次いで行われた県内一五市町村議選では、六ヶ所村や東通村、大間町で選挙が行われたが、県議選と同じように原発は争点となっておらず、議会の構図に大きな変化はなかった。

五月の知事選では、現職で自民党と公明党が推薦する三村申吾と、無所属で民主党と国民新党が推薦する山内崇、そして共産党の吉俣洋が立候補する三つ巴となった。三村は「国としてエネルギー資源をしっかりと持つことは大切」と指摘し、県内の原発関連施設については「国の判断待ち」とした。山内は、建設中のものは条件付きで工事再開を、計画中のものは「凍結」を主張し、吉俣は「反原発」を訴えた。結果は三村が三五万票を得て当選し、山内（八万三千票）、吉俣（三万六千票）を大きく引き離した。

半島内にある原子力関連施設も、少しの間の建設延期や実験等の中断があっただけで、その多くが震災から一、二年の間に再開している。むつ市に建設中であった使用済核燃料の中間貯蔵施設については、震災からわずか一カ月後の四月、敷地内工事の一部が再開し、貯蔵建屋については翌年三月に再開した。大間町では同年六月、建設中であった大間原発の建設継続方針が確認され、翌年一〇月に建設工事が再開している。六ヶ所村の核燃料サイクル施設も震災一年を待たずして、建設工事や実験等が相次いで再開した。(1)

以上のような状況をどう説明するか。様々な見方があり得ると思うが、本章冒頭に書いたことが筆者の仮説であった。すなわちそれは「民主主義の不在」あるいは「民主主義の機能不全」と言えるものである。下北地域が原発推進で変わらないのは、人々が自分で決めて、自分で統治するという民主主義の基本理念を忘れているからではないか、市民の声をきちんと反映する仕組みが上手く機能していないのではないか、などと考えたのである。そしてこの原因を解明することができれば、閉鎖的で非民主的な社会状況を打破できるのではないか、と思った。

しかし、本書で取り上げる斎藤作治（一九三〇～二〇一六）と出会ってから、筆者の考えは少しずつ変化していった。斎藤は原発とその関連施設がやってくる前の下北半島の姿を筆者に教えてくれたのだが、それは誰とでも分け隔てなく「語り合う」ことを基調とした「民主的実践の宝庫」としての下北社会であった。そうした政治文化が失われつつある現代において、彼は教師として、また地域に生きる一人の市民として何ができるのかを問い、行動してきたのである。それはいわば、斎藤自身の自己形成のプロセスでありながら、生徒や市民と共に学び合い、それぞれが一緒になって変わるという点で相互形成のプロセスでもあったと言えよう。この代表的な教育・地域実践が、七十年代の「民主教育を進める会」での活動であり、八〇年代の現場体験・調査型の授業実践、そして二〇〇〇年代初頭の中間貯蔵施設の是非を問う直接請求運動であった。

本書はそんな斎藤について書いたものである。(2) 彼はなぜ、どうして下北半島を「民主的実践の宝庫」と考えたのか。そしてそれは、上述した三つの実践にどのようにつながっていったのか。彼の実践から今、私たちが学ぶべきこととは何か。以上のような問題意識を持って本章を展開していこう。

一　下北半島に魅せられた青年教師

斎藤は一九三〇年生まれ、むつ市出身の教師であった。旧制中学を出た後は県内の銀行に勤めたが、関東圏の会社へと転職。その後、会社が倒産したことをきっかけに明治大学の夜学に通い、高校教師となって帰郷した。しかし、教師を続けることは考えておらず、当初は「四、五年、教師をやったら東京に戻ろう」と考えていたようである。それがむつ市で定年を迎えるまで教師を続けることになった。

何が起きたのだろうか。聞くと、最初に赴任した高校がその始まりだと言う。そこは「民主主義の学校」と呼べるような高校だったようだ。その様子は次の通りである。

教師になりたてのある時、衝撃的な光景を目にした。時は一九五〇年代、GHQによる占領がちょうど終わった頃の話である。初めての赴任校にて、山林を管理する役所（営林署）を相手に、自分たちの権利を堂々と主張する人々に出会った。しかもその中には自分の生徒が混じっていた。生徒たちを咎めたが聞かない。彼らは「命をかけているのだから、先生、心配するなよ」と言った。校長先生にそのことを報告すると「心配ないですよ」とのことだった。学校にも来ないで何をしているのかと思えば、自分たちの生活を守るためだとして、お上に対して異議申立をしている。普通、役所には文句を言ってはいけないし、言えるような関係ではないはずだ。自分は「月（営林署職員）とスッポン（住民）の関係」と思っていたが、ここではその常識は通用しない。この地域の人々は何かが違う。

この話を斎藤はいつも楽しそうに語ってくれた。営林署に対するこの運動は、現地では知る人ぞ知る有名な話で、「ナタカマ闘争」と呼ばれている。鉈（ナタ）と鎌（カマ）は木こりの道具である。この闘争は、営林署に雇われた木こりたちが自分たちの給料アップと働き方の改善を求めて行った労務交渉であった。

次に赴任した高校でも大きな刺激を受けた。そこでは、文化祭の出し物を決める際、「次から次へと意見を出して」、しまいには「学校や教師を平気で批判する」生徒たちに出会った。地域のお寺で行われた宿泊学習では、クラスのことや学校のこと、自分の暮らしのことなどを車座になって語り合う。感銘を受けた斎藤は蓮如《れんにょ》に思いを馳せながら、次のように述べる。

仏教において学び合う形式は普通、高いところに段があるでしょう。そしてその下の一段低いところに宗徒がいるんだけれども、教える側と教えられる側、上にいるのと下にいるのという区別の中で行われていた。ところが蓮如は車座をやった。車座になると、偉い人も偉くない人も関係ない、僧侶も侍も漁師もみんな同じところに並んでいる。しかも時間がくればそこで食事もするし、酒も飲むと。こういう通俗的な面もやって、また雑談もしながら、楽しく語らった。これなんだな、と思ったね。

お上に動じず、先生にも文句が言えて、学校や自分の暮らしについての意見をしっかりと伝えることができる生徒が下北にはいる。「ここは一体、どのような地域なのだろう」「人はどうしたら、こんな風に育つのだろう」。当時の赴任校を「民主主義の学校」と呼ぶ胸のうちには、そんな問題意識があったに違いない。以来、斎藤はさまざまな教育実践と市民運動に没頭していくこととなった。

三　地域における教育実践と市民運動の展開

民主教育をすすめる下北の会

代表的な教育実践例は、一九七四年に設立された「民主教育をすすめる下北の会」（以後、民主教育の会）である。初代会長は青森県高教組下北支部の佐々木明直で、斎藤は一九八四年から会長を引き継いだ。会の目的は「下北の教育関係者、父母、青年、住民の教育要求を広く結集し、民主教育を確立する運動をすすめる」ことであり、教職員組合を中心としつつ、地域の労働組合や革新系政党など、さらには「白糠地区海を守る会」（第三章）などが運動に参加した（民主教育をすすめる下北の会 1985）。

ところで、これと似た組織や運動は当時の日本では決して珍しいものではなかったが、[3]下北地域には次のような特徴があった。一つは、原子力船「むつ」を巡る緊迫した情勢と反対運動の大きな盛り上がりを背景とした点である。会発足（一九七四年七月一〇日）の翌月、むつは出力試験のため出航し、放射線漏れ事故を起こしたのだった。

二つ目は、下北地域が直面していた「運動せざるを得ない社会事情」である。初代会長の佐々木と八〇年代に事務局長を務めた田中寿太郎は、進学率が全国最下位の青森県にあって「さらに最下位の下北」という

教育環境が影響したことは否めないとしながらも、

下北という地域は政治、経済、文化などすべての点で後進地域としてとり残されてきた。住民は貧困にあえぎ、子どもは小学校高等学年になれば労働力として早くも期待されるといった状態だった。大企業本位の経済成長政策は過疎化に拍車をかけ、地域破壊、家庭破壊、教育破壊、自然破壊をいっそう促進してきた。このような中にある子どもたちの生活と、地域の現実を目の前にして、下北の教師たちはいやおうなしに、日々の教育実践を、そして、自らの生き方をも問い直すことを余儀なくされたのである。

と指摘する。[4]

これを踏まえ、民主教育の会では「教育」を中心テーマに据えつつも、[5]地域と暮らしに関わるあらゆる問題を取り上げた。例えば、一九七四年に開催された第一回民主教育を進める大集会（大会）では「子どもたちの未来のしあわせを求めて」と題する記念講演（大槻健・早稲田大学教授）が行われた他、幾つかテーマのもとで分科会が行われている。「青年」をテーマとした分科会では、下北の青年の要求は何か、青年の立場からの出稼ぎ問題、地域産業問題などが議論されている。ほかには「保育」、「中学校・高校」、「障害児と教育」分科会もあれば、住民の生活権や自然環境の保全を議論する「原子力船・原子力発電問題と教育」分科会、米作や畜産、林業、沿岸漁業、出稼ぎ問題などを話し合う「農業・漁業と教育」分科会もあった。民主教育の会が「教育」を基調としつつも、様々なテーマについて語り合う場であったことが想起されよう。

さて、会長職を引き継いだ斎藤は一九八九年、会発足一五年周年に合わせて『かんじき――地域教育運動一五年の歩み』の発刊に取り組んだ。同書の冒頭には、ある中学教諭の自死を取り上げ、「この問題を個人の資質に置き換えることができないほど、現在の教育や学校は病んでいるのではないだろうか」と指摘。民主教育の会が「仲良し会」ではなく「下北の地域の実態や子どもたちを取り巻く学校、家庭にゆがみがあればそれを変えていくという運動体」であることの意義を明記した。

赤字ローカル線「大畑線」を歩く——現場体験・調査型授業（一）

二つ目は、一九八〇年代に高校生たちと行った地域での教育実践である。きっかけは一九八〇年に下北地域を襲った冷害であった。これを教材化し、生徒と共に農家を訪ね、現状の聞き取り調査を行った。

この実践に手応えを感じた斎藤は、一九八一年、生徒たちと「赤字ローカル線『大畑線』を歩く」授業を行う。廃線が決定した線路を実際に歩き、その歴史を学び、各駅で「廃線で本当に良いのか」と地域住民に訴えた。それは、高校の文化祭において、むつ市議会の議長や大畑町の助役、駅前商店街の店主らが集う、語らいの場に発展していった。

この教育実践は、一九八一年の教育研究全国集会（「公害と教育」分科会）で報告され、その年の教育科学研究会賞を受賞する。同集会の助言者であった藤岡貞彦（一橋大学）はその受賞理由を、この実践が生徒たちに「自分の足もとの地域を見直すこと」を提供し、生徒たちの「地域認識の変革」をもたらした、と説明する。実際、歩くことを嫌がっていた彼らの多くが、大畑線の意味を考え、大畑線の将来に対して自分の意見を持つに至った。ある生徒は「廃止になったら困る人たちもいるんです。このようなことを十分考えてもらいたい」とし、「大畑線を廃止しても赤字がなくなるとは思えない。それよりも地域発展のためにも大畑線は残すべき」（斎藤 1987b）と主張する。後日、この実践が『読売新聞』や『河北新報』に掲載されると、生徒たちは歓声をあげた。自分たちの活動が社会に認められたこと、そして自分たちの力が決して小さくないことを実感した瞬間であった。

一方、斎藤にとってのこの実践はある種、特別なものだったに違いない。教師になりたての頃に見た車座という〝原風景〟が〝車座型民主教育〟として結実したからである。斎藤の述懐に耳を傾けよう。「大畑線の問題は、私が定時制の大畑分校で学んだ民主主義、先生と生徒が『教える――教わる』関係ではなくて、先生が生徒と一緒に手をつないで一つの問題を同志として解決していくという方向が、二〇年後にこの大畑線実践でやっと実現した」（斎藤 1987a）のであった。

写真　大畑線を歩く生徒たちの様子
出典：斎藤作治（2015）「下北地域における民主主義の変遷」（報告レジュメ）より抜粋。

泊に民主主義はあるのか――現場体験・調査型授業（二）

斎藤による教育実践はその後も続く。大畑線を歩いた次の年には、長らく休部状態にあった高校の社研部を復活させ、ダム建設により離村が進んだ開拓村・野平《のだい》を調査した。一九八三年と八四年には岩手県沢内村へと「日本一の健康村と草の根民主主義」をテーマに、一九八五年には「下北の若者は、いま」をテーマに下北各地の農漁村へと向かった。

一九八六年には、核燃料サイクル施設の受け入れをめぐり緊張が高まっていた六ヶ所村（第五章）へと足を運ぶ。斎藤は「生徒を政治に巻き込んではまずい」と気を遣ったが、逆に生徒たちに諭された。やりとりは次のとおりだ。

斎藤「ところで、六ヶ所はいま政治的対立が激しくなっているので、君たちは、六ヶ所の産業や自然をやってくれ。開発とか政治的なところは私がやるから」

生徒「政治を抜いた六ヶ所。そんなものがあるんですか。開発を抜いた六ヶ所なんて気の抜けたビールじゃないか。面白くもなんともないよ」

生徒「われわれは、赤でも黒でもない。ただ真実が知りたいだけだ」

調査は一九八六年三月二三日、「激突するような場面には顔を出さない」ことを条件に行うことになった。この日、六ヶ所村泊漁協では核燃料サイクル施設の立地に係る調査（海域調査）受け入れを決める臨時総会が予定されていた。斎藤と生徒たちは泊漁協前に配備された機動隊の姿に驚く。斎藤は生徒を安全な場所に待機させ、会場の様子を見に行った。ところが、総会は開会してすぐに終了した。開会宣言を行った組合長は用意したメモを読み上げ、その後一方的に閉会を宣言し、会場を後にしたようだ。その間、わずか一～二分といわれている。こうして海域調査の受け入れが決まったのであった。

この様子を見ていた生徒の一人は「泊に民主主義はあるのか」と題する感想文を書く。主権者となる自分は核燃料サイクル問題に関心を持たなければならないと綴りながら、「私はこれまで、日本は民主主義の国だと信じてきました。でも、今日の泊のことに関して言えば民主主義が守られていなかった」（斎藤 1987b）と書き留めた。調査は取材記録ビデオ「六ヶ所村」としてまとめられ、ＮＨＫのローカル番組に注目された。

住民投票条例制定に向けて

様々な立場にある人と、分け隔てなく語ることを大切にしたいという思いは、高校教員を退職した後も色褪せることなく発揮されている。三つ目の代表的な実践は、使用済核燃料の中間貯蔵施設建設の可否を巡る住民投票条例案制定に向けた署名運動である。むつ市は、二〇〇〇年夏以降に同施設の受け入れを本格的に検討し始めたが、そこに「待った」をかけたのが、斎藤と野坂庸子（第七章）が共同代表を務めた「むつ市住民投票を実現する会（実現する会）」であった。同会は、施設の受け入れに反対することではなく、中間貯蔵受入の是非を住民投票で決めることを目的とした。斎藤は「市民が賛成という結論を出せばそれでいいと、反対という意見が出たら考えてくれと、こういうことなのです」とその意義を指摘する。

表は、斎藤たちによる「住民投票条例制定についての直接請求」の内容とその採決結果をまとめたものである。請求の趣旨は、核燃料サイクル事業への不安や永久貯蔵の恐れ、さらには財政上の措置が地域発展の阻害要因となる可能性がある中、より慎重にかつ様々な角度から中間貯蔵事業を検討し、最後は住民たち自身による投票で決めよう、ということであった。結果は賛成三、反対一七で否決された。投票に賛成した議員からは、市の手続きの性急さや住民合意の有無、永久貯蔵の可能性などが指摘されている。一方、反対した議員からはあらゆる角度から審査済との意見のほか、むつ市の経済・産業面での影響、民主主義に係る論点などが提起されている(6)。

斎藤は悔しかっただろう。しかし彼は同時に、この運動がもたらした希望を見逃していなかった。それは署名数が五五一四筆だったこととむつ市民自身が変わっていく可能性である。五千を超える署名数は、当時のむつ市の有権者四万人の約一五パーセントにあたり、請求に必要な法定数である八〇一筆を大幅に超えるものであった。「自分の意見を言わない風潮が強い下北で、これだけの署名を添えて直接請求できたのは革命的」だと斎藤は語る(7)。

運動の過程ではメンバーたちが自分の住む地域について（再）発見し、認識を改めていくプロセスもあっ

表　住民投票条例制定についての直接請求（2003年）の概要

<table>
<tr><th>項目</th><th colspan="2">内容</th></tr>
<tr><td>制定請求条例名</td><td colspan="2">使用済み核燃料中間貯蔵施設の誘致に関するむつ市住民投票条例</td></tr>
<tr><td>請求代表者</td><td colspan="2">斎藤作治／野坂庸子</td></tr>
<tr><td>請求内容の要旨</td><td colspan="2">・核燃料サイクル計画そのものが不安であり、中間貯蔵が永久貯蔵になる可能性がある。
・むつ市は財政的・経済的困難に直面しているが、永久貯蔵の危険と不安にかわる財政的保障は考えられない。
・多額の歳入は市の財政をゆがめ、地域の発展を阻害する要因になりかねない。
・さまざまな角度から検討すべきであり、最終的な判断は市民の意思を充分に汲んで決定すべきである。</td></tr>
<tr><td>有効署名者数</td><td colspan="2">5514人（署名者総数5847人）</td></tr>
<tr><td>採決結果</td><td colspan="2">否決　賛成3／反対17</td></tr>
<tr><td rowspan="2">議論のポイント</td><td>賛成</td><td>反対</td></tr>
<tr><td>・市の一連の手続きは性急であり、市民の合意を得たとは思えない。
・永久貯蔵される可能性がある。
・自分たちの将来を自分たちで決めることは重要である。
・住民投票の結果を尊重すべきである。</td><td>・あらゆる角度から審査済である。
・中間貯蔵事業は市の経済／産業にとっての希望である。
・議会民主主義を守る立場から反対である。
・直接民主主義は成熟していない。</td></tr>
</table>

出典：むつ市議会第177回議事録や『東奥日報』（2003年9月12日付）などを参考に筆者作成。

た。後日行われたメンバー間での座談会では隣近所の人のことを知らなかったという反省から、「もっともっと地域の人たちと対話をしたい」との声があがっている。署名運動の経験を持たない母親たちが「だまって見過ごすわけにはいかない」と一軒ずつ歩き回っている様子なども報告された。メンバーらは「私たちが知らないだけで、まだまだこういう人がたくさんいる」ことを学んだ（斎藤ほか 2004）。

次のような例もあった。斎藤は署名運動の最中、個別訪問先でのことを振り返って言う。

奥さんが出てきたんです。で「バッ」と署名した。それで終わりじゃない。大きい声で「お父さん、お父さん」、裏にいたんですね。鍬持って出てきた。「なんだ」って言ったら「これ中間貯蔵の署名に来た。お父さんも名前書いたら」「そうかそうか」って。昔の女とは変わった。いわゆる夫の言ったことを守るだけの女から自分の主張ができるようになった。署名をし、夫にもそれを促していく。

意識が変わり、自己主張する人間が増える。その延長線上に、身近な人が変わり、やがては地域全体を変える力となっていく（斎藤ほか 2004）。可能性に富んだ指摘ではなかろうか。これは、生徒たちの成長の過程を学校内外の現場でじっくりと見つめながら、自分自身も一緒になって変わってきた斎藤ならではの観察ではなかろうか。

四　斎藤実践が意味することとは

以上の三つの実践には共通する時代背景がある。それは、下北半島が原子力関連産業の一大拠点へと変わっていく、一九七〇年代から二〇〇〇年代にかけてのおよそ三〇年間という時代である。原発とその関連施設の建設が六ヶ所で、さらには東通村や大間町で、またむつ市にて進んでいく中、斎藤はその現実にどのように向き合ったのか。

彼は「反対」を主張するのではなく、地域に根ざした「語り合う」文化の再構築に努めていたのではないか、と筆者は考える。民主教育の会や高校の授業にて、さらには条例の直接請求運動において斎藤が大切にしていたことは、自分自身の気持ちを率直に話したり、様々な立場にある人が対等な関係で語り合ったりすることであった。しかもそれは新しい試みというより、地域で昔から実践されてきた営みに倣ってのものであった。

地域に存在するもの／存在していたものに改めて注目すること、あるいはそれを再発掘して現実社会に適用していこうとすることは特筆に値する。なぜならそれは、現状を救う手立てを〝地域の内側〟に見出す試みだからである。本章の冒頭に挙げた筆者の仮説は、むつ市の現状を政治学的視点という、いわば〝地域の外側〟から借りてきたレンズでもって捉えようとし、さらにその問題解決の手立てを同じ見方の中で考えようとしていたように思う。

この二つのアプローチの違いが最もよく現れるのは、おそらく〈沈黙〉をどう考えるかである。地域で暮らす人々からすれば、それは「黙る」「話さない」「耐える」「考えている」といった様々な想いが詰まった選択の現れであり、「民主主義の不在」など大上段に構えて捉えられる話ではない。地域には原発に懐疑的な人も、楽観的な人もいれば、原発を積極的に受け入れ推進しようとしている人、原発の是非を考え続けている人もいるのである。地域の内側に注目するアプローチは、異なる立場にある住民らがなぜ、どうしてそう考えるのかという選択の背景に着目し、それをその地域の経験に重ねながら理解しようとするのである。

そうして見えてきた沈黙せざるを得ない状況を理解した上で、斎藤は「分け隔てなく語ろう」、「語り合うことをもう一度実現しよう」と呼びかけるのである。民主主義のために語るのではないのだ。人々がその地域で共に生きるために語るのである。

斎藤のこのアプローチは現地に住む人たちにとって優しく、ワクワクするものだと思う。それは「月とスッポン」の関係を創造的に覆しながら、対等な関係で語り合う文化を下北半島に再構築していく試みだからである。ナタカマ闘争から五〇年後の直接請求運動では、都合が悪いと押し黙る「むつ市型市民」が、自分の意見を主張し、相手を感化していく人物、斎藤らの言葉では「ゴジラとウルトラマンを足したような人」へと変わっていった（斎藤ほか 2004）。斎藤による実践はまさに、その地域で暮らす人々が「自分たちに出来ることは何か」そしてその先に「自分たちがどう変わっていくのか」「地域がどう変わっていくのか」という可能性とその筋道を見事に浮き彫りにしたのである。

五　語りと自己主張のトレーニングを――結びに代えて

本章ではこれまで、斎藤の教育実践と市民運動に光を当てながらその意味するところを考えてきたが、最後に本人が自分の活動をどう見ていたのかについて触れて本章を終えたい。

斎藤は活動を続けることの意義とその難しさの両方を感じていた。例えば、高校の社研部が退職後に廃部になった時のことを次のように振り返る。

社研部がなくなったんですよ、私がいなくなったら。結局どんどんと進学の学校になる。大学受験に必要のない知識は無駄だと、そういうことをやっているうちは変わりもんだとこうなった。学校全体が進学に向かって行って、とくに国公立への進学実績が自慢なのよ。…（中略）…進学するのに夢中でない部活をやっている生徒は変な生徒だって言われだした。そういう方向に学校の体質が変わってきたと思う。

受験が優先され、生徒たちの学びの質が変わっていく様子に危機感を抱いていたことが分かる。学校が地域を知り、仲間と共に学び合う場所から、解答用紙に上手く答えるための場所へと変わってしまったと斎藤は残念そうに話していた。

そんな彼も、実は同じようなことをしてしまったと嘆いていたことがある。それは、中間貯蔵施設の是非について問う直接請求権運動を解散したことである。「なぜ解散したのか」とよく聞かれたが、議会での採決でもって「実現する会」は解散すると約束していたとのこと。「今思えば、ものすごく大きなミスをした」と言う。なぜならそれは、住民らが自分の地域を知り、地域について考え、それを社会へと伝えていくための運動であったからである。「自己主張ができる人間を継続的に育てていかないと下北は一発勝負で終わってしまう。学校でも地域社会でも、人々が継続して学ぶ機会を無くしてしまった」というわけである。

だが斎藤は教育も運動も辞めたわけではなかった。二〇一五年末、斎藤から筆者に一通の手紙が届いた。友人である高屋敷八千代による『ううもんちょうだい』[8]の出版記念パーティの記事が同封してあった。手紙には「民主教育をすすめる会を再開する」と書かれてあった。私信「下北から叫ぶ」が始まったのも二〇一五年である。[9]第一三号（二〇一六年四月二日付）は「増大号」であり、テーマは「民主主義の育成と学校教育」であった。自己主張を基調とする民主主義を職場、家庭、学校で育てようと呼びかけた。亡くなる数日前のことだった。

一発勝負で終わらない下北をいかに作るか。斎藤は語り合う場の必要性を主張していた。「賛成、反対ではなく、まずは語ろう、そして持続的に。大丈夫、下北半島には『語り合う』文化が昔から悠々と流れているのだよ」と。斎藤はこれを実体験を通して発見し、教育と市民運動の場で実践してきたのである。

〔注〕

（1）なお東通村の東京・東北両電力は、村からの原発再稼働（東北電力一号機）と工事再開（東京電力一号機）の要望にもかかわらず、二〇二四年現在でも止まったままである。

（2）引用がない部分での斎藤による口頭での指摘や語りについては、主に斎藤らとの意見交換（二〇一三年）、斎藤へのヒアリング（二〇一五年）などのほか、筆者と斎藤間での会話（二〇一六年）やメールのやりとりなどに基づく。

（3）その代表例は岐阜県恵那地域における「民主教育を守る会」の活動や同地域の教職員らが行った教育活動・運動である（例えば、佐貫 1980などを参照）。

（4）田中・佐々木（1987）を参照。

（5）民主教育の会における基本方針には「下北における教育の実態を調査する」ことや「各地域における民主教育運動と連携を深め、また各市町村に教育について語り合う会の結成をすすめる」、「要求運動、学習運動を展開する」、「年一回、民主教育をすすめる下北の会主催の大集会を開く」などがある（田中・佐々木 1987）。

（6）議会での決定に至る経緯やその後の展開については、茅野・吉川・川口（2006）や西舘・太田（2015）などに詳しい。

（7）「条例制定を直接請求」『東奥日報』（二〇〇三年八月二七日）を参照。

（8）満州で敗戦を迎えた著者が家族と共に、中国から日本に帰るまでの一年間の体験を元にした絵本。著者である高屋敷は斎藤とは五〇年以上の付き合いだという。民主教育をすすめる会でも共に活動している（青森県国民教育研究所 2017）。

（9）この私信は二〇一五年四月から一年間続いた。その間、一三通の「下北から叫ぶ」が発表されており、筆者たちにも届けられた。テーマは貧しさや学校のこと、憲法、自衛隊についてなど、毎回多岐にわたっていた。

〔文献〕

青森県国民教育研究所編（2017）『下北から叫ぶ――斎藤作治先生を偲んで』青森県国民教育研究所。

朝日新聞（2011）「（二〇一一 地方統一選）注目区ルポ 原子力、争点ならず 各候補、重なる主張／青森県」四月五日付。

小笠原美徳（1985）「『下北の会』を中心とした教育運動をふりかえって」民主教育をすすめる下北の会編（1989）『かんじき――地域教育運動一五年の歩み』民主教育をすすめる下北の会、二一一～二二五頁。

斎藤作治（1987a）「赤字ローカル線『大畑線』を考える高校生」『続やませ――下北の地域と住民・教育運動』青森県国民教育研究所、三三二～三九〇頁。

斎藤作治（1987b）『ふるさとは大畑線に乗って』高校出版。

斎藤作治・野坂庸子・稲葉みどり・向井宏治・吉田麟・柳谷マサ子・吉田眞佐子・山本貫（2004）「むつ市中間貯蔵施設『住民投票座談会』」『はまなす』第二〇号、一三～三五頁。

佐貫浩（1980）「教育への親住民参加における共同学習運動の意義について――岐阜県恵那地域の教育運動に即して」『教育学研究』四七巻一号、三〇～三九頁。

下北の地域文化研究所・青森県国民教育研究所編（2007）『はまなす』第二三号、下北の地域文化研究所・青森県国民教育研究所。

田中寿太郎・佐々木明直（1987）「下北の教育と教育住民運動」『続やませ――下北の地域と住民・教育運動』青森県国民

教育研究所、二三七～二六八頁。

茅野恒秀・吉川世海・川口創（2006）「使用済み核燃料中間貯蔵施設の誘致過程――青森県むつ市を事例として」『法政大学大学院紀要』第五六号、一七一～一八七頁。

東奥日報（2003）「条例制定を直接請求」八月二七日付。

東奥日報（2011）「社説　2011・4・13　原子力争点置き去り」四月一三日付。

東奥日報（2011）「'11統一選／原子力政策　主張見えず／東通・大間・六ヶ所の三町村議選」四月二〇日付。

西舘崇（2014）「下北調査（二〇一三年一〇月二六日～二八日）に参加して」民主教育研究所・青森県国民教育研究所『寒立馬――「下北調査」中間報告書』、三六～三九頁。

西舘崇・太田美帆（2015）「なぜむつ市は核関連施設を受入れたのか――原発『お断り』仮説の追試を通して」『論叢』第五五号、八一～一〇三頁。

民主教育をすすめる下北の会編（1989）『かんじき――地域教育運動一五年の歩み』民主教育をすすめる下北の会。

コラム2

「みえない恐怖」を語り継ぐ
――一九九九年に起きたＪＣＯ臨界事故

栗又　衛

二四周年集会

二〇二三年九月三〇日、茨城県東海村で、ＪＣＯ臨界事故二四周年集会が行われた。集会は脱原発を訴える六つの市民団体が主催し、臨界事故を語り継ぐとともに東海第二原発の再稼働反対を訴えるもので、約一八〇人が参加した。この集会には県内自治体四四のうち三六の首長がメッセージを寄せるなど、臨界事故の衝撃の大きさを今も物語る。

臨界事故は核施設の被曝事故としては、日本で初めての犠牲者を出し、住民も被曝した。二四周年集会では、「臨界事故を語り継ぐ会」事務局の大泉実成（一九六一年生まれ）が登壇。「事故で六六七人以上が被曝し、二人が亡くなった。他にも頭痛、全身の痛みなどを訴える人が多数いたが、国、自治体は『影響はない』と言うばかりだった」と核事故の恐ろしさを訴えた。大泉の両親は臨界事故現場のＪＣＯの転換試験棟からわずか一二〇メートルのところで、自動車部品工場を経営していて、作業中に被曝した。隣の日立市で両親と同居していた大泉は、被曝後の健康悪化に苦しむ両親に寄り添い、歩みをともにした。

核関連施設とは思わず、被曝した

大泉昭一・恵子夫妻は、日立市で自動車部品工場を営んでいたが、手狭になったため一九八八年にJCO（当時は日本核燃料コンバージョン）の隣接地に工場を移転し、従業員も雇用しながら夫妻で協力して経営していた。一九九九年九月三〇日、一〇時三五分頃、臨界事故が発生。中性子線・ガンマ線、放射性希ガスにさらされた。一五時四〇分頃に村職員が避難するように連絡してくるまでは、いつも通りに二人の従業員と工場内で作業をしていた。その後、日立市内の自宅に戻ったが、夜になって被曝が不安だったため、東海村の避難所に向かいサーベイメーターによる検査を受けて再び帰宅した。恵子は翌日未明から激しい下痢に見舞われ、口内炎の症状が現れた。事故後働けなくなった恵子に加え、昭一も体調が悪化し、二〇〇一年二月に工場を閉鎖せざるを得なくなった。

補償を求めて交渉、そして裁判へ

昭一は、「臨界事故被害者の会」を立ち上げて、代表世話人として三〇人ほどの会員とともに、JCOと被曝による健康被害に対する補償の交渉を続けた。会には一〇〇人以上から相談が寄せられた。東海村に隣接する那珂市の本米崎小学校の保護者たちも子どもへの影響を心配して会に参加した。JCO側では親会社の住友金属鉱山の専門部署が対応に当たったが、科学技術庁（当時）の原子力損害調査研究会の最終報告書（二〇〇〇年三月）を盾に、住民への健康被害補償を一切認めなかった。なお、最終報告書は、「周辺住民等に対する放射線影響は、……発生するレベルではない。……可能性は極めて低い。……請求者の側から放射線影響が立証された場合に限り、その損害の賠償が認められるべきである」と事故を矮小化し、被害者に立証を押しつけている。

二〇〇二年九月、大泉夫妻は損害賠償を求めて水戸地裁に提訴した。被告はＪＣＯとその親会社の住友金属鉱山で、治療費や休業補償、慰謝料など約五八〇〇万円を請求した。「被害者の会」の会員でも裁判に加わることは難しかった。一九五七年に日本で初めて「原子の火」がともり、「原子力のまち」を標榜し一三の核関連施設が立地する東海村では、核に対する異議申し立ては、タブー視されていたのである。

みえない恐怖とＰＴＳＤ

事故直後にホールボディーカウンターで被曝量を測定されたのはわずか六人であり、大泉夫妻らには、行動調査に基づく科学技術庁による推定値が出されている。それによると恵子は六・五ミリシーベルトであるが、阪南中央病院の調査委員会は三六・九七　ミリシーベルトと推定している。一〇〇ミリシーベルトを超えたとの推定もあるので、明らかに過小評価である。

恵子は事故後、起き上がる気力も体力もなくなり、食事もとれず、寝て過ごすことが多くなった。その後、何度か会社に行こうとしたが、「ＪＣＯの建物が見えてくると身体がこわばり、到着しても満足に仕事のできない」状態が続いた。さらに胃潰瘍とうつ病で二度入院することになる。原爆症や「原爆ぶらぶら病」に似た症状である。二〇〇二年六月、東邦大学医学部付属病院の高橋紳吾医師の診察を受け、「心的外傷後ストレス障害（ＰＴＳＤ）」と診断された。「事故によって引き起こされたもので、事故の想起、回避症状、事故に関連する事柄を不意に聞かされた際の身体のこわばり、事故以前に存在していなかった持続的覚醒亢進症状が現在に至るまで持続している。ＪＣＯ事故との因果関係は明白である」と説明されている。被曝による「みえない恐怖」がＰＴＳＤを引き起こしたのである。

水戸地裁は「被害」を認めず、最高裁まで闘う

海渡雄一弁護士に依頼して裁判を闘い、恵子のＰＴＳＤと事故との因果関係も三人の医師の証言があったにも拘わらず、被害は認められなかった。両親とともに裁判を闘った大泉は、「ＰＴＳＤには、血を見たとか、死体を拷問してたとか、交通事故で悲惨な現場を見たとか、そういうような要因が挙げられるが、臨界事故ではそういうものはないじゃないかと。中性子線って目にみえないから、恐怖はなかっただろうと。『みえない恐怖』っていうのはあるんですよという話をしたが、裁判官は全然取り合わなかった。結局、裁判所は、ＪＣＯ側の医者が言ったやつを、その通りに判決文で書いていた。もうこれは全然ダメだな。日本の裁判所ってこうなってんだな」と語った。それでも東京高裁、最高裁と闘い、提訴から八年後の二〇一〇年に上告棄却で裁判は終結した。翌二〇一一年二月に昭一が亡くなり、その翌月に福島原発事故が起きた。恵子は二〇一八年に亡くなった。大泉実成は「この裁判は専門的な医療裁判になってしまい広がりを欠いた面もあるが、福島関係の裁判では『専門領域に深入りしない』という教訓として生かされている」と語っている。

ＪＣＯだけに責任を押しつけた刑事裁判

二〇〇一年四月、水戸地検はＪＣＯとその社員六名を起訴し、刑事裁判が行われた。弁護団は、中濃縮ウランの発注者である「動燃」（当時は核燃料サイクル開発機構。現在は日本原子力研究開発機構に再編統合）とＪＣＯの核燃料加工施設の安全審査をした科学技術庁・原子力安全委員会の責任も取り上げた。しかし、二〇〇三年三月に出された判決は「事故の責任はＪＣＯのみにある」として、「動燃」と国の責任は不問に付した。双方とも控訴せず、ＪＣＯと社員六人の有罪が確定して幕引きとなった。事故の矮小化を図ったのであ

る。

臨界事故で核分裂したウランは〇・九八ミリグラムと推定されている。事故の二年前からＪＣＯはリストラを行い、現場の社員を半分近く減らしていた。軽水炉用の低濃縮ウラン（濃縮率四～五％）の加工施設であったＪＣＯが、高速増殖実験炉「常陽」（近隣の茨城県大洗町にある）で使用する中濃縮ウラン（一八・八％）の加工を二年ぶりに行い、「臨界」の可能性を全く知らない作業員が裏マニュアルに基づいてバケツを使って作業をしていた。さらに「動燃」からの均一化せよとの無理な要求があり、時間と手間を減らすために、使ってはならない沈殿槽に多量のウランを入れてしまい、臨界事故が起きた。世界的に見ても二〇年ぶりの事故であった。国の安全審査がずさんであり、立ち入り検査も行われていなかった。臨界の警報装置はなく、放射線の測定器さえもなかった。もちろん放射線の遮蔽装置もなかった。住宅地に危険な核関連施設をつくったのは、安全神話に囚われていたからである。一九九五年の高速増殖原型炉「もんじゅ」のナトリウム漏えい事故、一九九七年の東海再処理工場火災爆発事故はいずれも「動燃」の施設であった。この時点で、原子力の「推進と規制の分離」が行われていれば、臨界事故は防げたかもしれない。

「みえない恐怖」を語り継ぐ

二〇一〇年の損害賠償裁判後に、「被害者の会」は「臨界事故を語り継ぐ会」に衣替えして、現在に至る。事務局の大泉は、社会派のノンフィクションライターである。エホバの証人、オウム真理教、地下鉄サリン事件、阪神淡路大震災、東日本大震災と福島原発事故などを深く取材し、時には支援活動にも携わってきた。大泉は次のように語っている。

私は二〇年以上にわたってＪＣＯ事故により体調が悪化した人たちの話を聞いてきました。母は重篤なＰＴＳＤに罹患し、父は皮膚病を悪化させました。頭痛、吐き気、全身のアレルギー発作、胃腸炎、のどの痛み、貧血、極度のだるさ、湿疹、食欲減退、鼻血、異常発汗など、挙げていけばきりがありません。私たちはＪＣＯ事故との因果関係がある、という医師たちの診断書を携えＪＣＯと交渉しましたが無視され、八年に及ぶ民事裁判の結果被害を認められませんでした。国の公式見解では住民の健康被害は全く認められていません。しかし、被害者はたくさんいたのだということを皆さんに覚えていていただきたいのです。「みえない恐怖」は人の心身を確実に蝕みます。そして、福島の事故でも明らかになったように、原子力施設での事故の深刻さや被害者救済の難しさ、何人もの自殺者を出したその残酷さを改めて覚えていてほしいのです。

大泉は、「健康手帳」をつくる運動をしていたという。それは広島・長崎の「被爆手帳」にならって、みえないものをみえるようにする活動である。大泉に話を聞いたのは二〇二三年一二月だが、その直前に日立市に住む五三歳の男性が車で東海村役場の玄関に突っ込むという事件が起こった。報道によれば容疑者は、「臨界事故で被曝し、体調が悪くなった」と東海村やＪＣＯへの不満を供述しているという。事故当時東海村に住み、ＪＣＯに補償を訴えていたこともわかっている。臨界事故の不安は取り上げられることなく、内在していたのである。この容疑者からの「被害者の会」への相談はなかったとのことであるが、「語り継ぐ」ことで、小さな声を拾い、伝え続けて欲しい。

第Ⅲ部　核開発の転調

二〇一一年三月一一日、日本は未曾有の大災害に見舞われた。東日本大震災である。福島第一原子力発電所は震災後の津波により全電源喪失（ステーション・ブラックアウト）に陥り、一号機から三号機では炉心溶《よう》融《ゆう》（メルトダウン）が起きた。一号機と三号機、四号機では水素爆発が起きた。この事故により原発周辺の広大な土地が帰還困難区域に指定され（二〇二四年現在、その範囲は三〇〇平方キロメートル、東京二三区の約半分の面積に及ぶ）、今も故郷を追われて暮らす人々がいる。国際原子力機関（ＩＡＥＡ）はこの事故を、チェルノブイリ原発事故（一九八六年）と同じ最高レベルの七（深刻な事故）に指定した。

原発やその関連施設の立地自治体は事故の深刻さに慄《おのの》き、その推移を固唾を飲んで見ていたに違いない。しかしその姿勢は、原発「反対」へと急展開するというより、事態を慎重に見定めようとしていたと記す方が適切かもしれない。青森も例外ではない。地元紙『東奥日報』は「原子力の『安全神話』はぐらぐらに揺らいでいる」（二〇一一年三月一七日夕刊）と書いたが、神話は完全に崩れ去ることはなかった。震災後の統一地方選では原発はそもそも主要な争点となっておらず、震災前と比べて議席に大きな変化はなかった。知事選では「国の判断待ち」とした現職三村申吾《みむらしんご》が三五万票を得て当選し、凍結や反原発を訴えた山内崇《やまうちたかし》（八万三千票）、吉俣洋《よしまたよう》（三万六千票）を大きく引き離した。

変化を起こそうとしていたのは、むしろ国政にて与党の座にあった民主党政権である。二〇一二年九月、民主党は「革新的エネルギー・環境戦略」を発表し、「二〇三〇年代に原発稼働ゼロを可能とするよう、あらゆる政策資源を投入する」方針を打ち出した。戦略には、原子力規制委員会の安全確認を得た原発に限り再稼働を認めることや、原発の新設や増設は認めないことなどが盛り込まれた。しかし、同年一二月の総選挙で大敗し野党に転じたことで、同戦略が日の目を見ることはなくなった。

与党に返り咲いた自公連立政権は脱原発路線の見直しを始める。二〇一四年の第四次エネルギー基本計画に「原発稼働ゼロ」の文言はなかった。代わりに原発への「依存度を可能な限り低減する」こと、目指すべき電源構成比率で原発を二〇～二二％とすることなどが定められた。この流れは二〇二〇年代にさらなる転機を迎える。温室効果ガスの排出削減ゼロを目指す「カーボンニュートラル」宣言（二〇二〇年一〇月）は、二〇二三年の「GX（グリーン・トランスフォーメーション）脱炭素電源法」成立の呼び水となった。ロシアによるウクライナ侵攻（二〇二二年二月）はGX推進に大いなる根拠を与えた。

だが現状はそう簡単には進まない。核燃料サイクル施設に関わる様々な問題は解決に至っていない。原発再稼働に対する社会的合意も十分に得られていないように思われる。福島の復興についてはすでに多くの課題が指摘されている。しかし国とその関連自治体は、核開発の新たな装いのもと、それらを乗り越えようとしている。それは施設立地地域の社会・経済構造を丸ごとデザインする仕方である。福島の浜通りでは「福島イノベーション・コースト構想」が立案されてからおよそ十年が経った。「もんじゅ」の廃炉が決まった福井では「原子力発電所の立地地域の将来像に関する共創会議」が二〇二一年六月に、中間貯蔵施設の操業開始（二〇二四年一一月）に漕ぎ着けた青森では「立地地域等と原子力施設共生の将来像に関する共創会議」が二〇二三年一一月に始まっている。これらの試みが問題群の具体的解決策となるのかは現時点で分からない。しかし、今そこで何が起きているかを記述することは可能である。

第Ⅲ部は、ポスト・フクシマ時代における原発回帰政策が原子力技術との共生・共創をテーマに進展していく時代を「転調」と捉え、この瞬間を下北半島内で生きる四人の人物に注目する。第七章の主人公は「核の中間貯蔵施設はいらない！　下北の会」（二〇〇〇年設立）の代表を務める野坂庸子（一九四七～）である。二〇二四年九月、野坂の目の前で使用済核燃料の入った金属キャスク一基が中間貯蔵施設へ搬入された。彼女はなぜ、どうして運動を続けるのか。第七章はその答えを探る。続く第八章では東通村立東通中学校の初代校長を務めた北川博美（一九五六〜）に注目する。同校は東通原発（東北電力一号機）が運転を開始し始めて三年後の二〇〇八年に設立された。東通村における小中学校の統廃合に関わった北川には〈独りよがりでない教育〉へのこだわりがあった。第八章は彼の想いと葛藤を描く。

第九章と一〇章は東通村出身の花部雅之（一九七六〜）と氣仙修（一九六一〜）の生き方、考え方にアプローチする。東通村白糠地区で消防士としてまた能舞の師匠として生きる花部は、学校統廃合によって母校を失った。「田舎の心臓は学校」と語る彼は今の白糠について何を思うのだろうか。能舞を続けることにはどのような意味があるのだろうか。第九章は、同地域における能舞伝承の経緯を丁寧に描きながら、花部の声に耳を傾ける。東通村で有限会社コスモクリエイトを起業した氣仙は、村政とその地域づくりに積極的に関わる。その彼の姿勢を第一〇章では、原発の賛成派とも反対派とも形容し難い、賛否の〈あわい〉、という概念から捉えようとする。では、その内実とはいかなるものか。同章は氣仙と著者との対話を具体的に再現しながら、その答えと示唆を導いている。

コラムでは「福島イノベーション・コースト構想」の現状を、福島県内の高校で教鞭をとる一人の教師の証言を手掛かりに考える。この構想は今、現地に何をもたらしているのか。教育の現場では何が起きているのか。現場に立つ教師の語りから見えてくるのは、復興計画と教育との分断であった。

〔参考文献〕

大坪正一・宮永崇史編（2013）『環境・地域・エネルギーと原子力開発——青森県の未来を考える』弘前大学出版会。
川上龍之進（2018）『電力と政治——日本の原子力政策 全史』（上・下）勁草書房。
長谷川公一・山本薫子編（2017）『原発震災と避難——原子力政策の転換は可能か』有斐閣。

第七章

中間貯蔵施設になぜ反対し続けるのか
――不可視化への抗いと市民の記録

西舘　崇

＊野坂庸子（のざか・ようこ）氏
一九四七年、青森県下北郡田名部町（現むつ市）生まれ。中学まで田名部町で過ごし、高校から弘前へ。高校卒業後は東京の専門学校に進学。その後、同郷出身者との結婚を経て、一九七四年にむつ市へと帰郷。四児の母。二〇〇〇年に「中間貯蔵施設はいらない！下北の会」を立ち上げ、代表に就任。以降、現在に至るまで二〇年以上にわたり同会の活動を続ける。

一　はじめに

二〇二三年一一月一一日、青森県むつ市の下北文化会館で開催された「２０２３反核燃・秋の共同行動ｉｎむつ」にて、一人の女性が演題に立ち、参加者に次のように語りかけた。

私たちはむつ市にある中間貯蔵施設に二〇年以上、反対し続けてきました。この施設は危険な施設です。だから反対してきました。しかし、反対の理由はそれだけではありません。何がダメなのか。学校では施設について何も教えていないのです。誰も何も語っていないのです。地域社会でもそうでしょう。だからこそ、私たちがこの施設が何であるかについて、次世代へと語り継いでいかないといけないのです。

彼女はそう言うと「今は原発の話をすることが本当に難しくなりましたね」と続け、「子どもには『お母さん、ＰＴＡに行ったら原発のことなんて話さないで』なんて言われたのよ」と笑いながら話す。会場はピリッとした雰囲気だったが、このエピソードで一気に穏やかなムードに包まれた。最後に彼女は、施設反対の意を改めて強調してスピーチを終えた。

むつ市で暮らす一住民が、原発について表立って反対するのは容易ではない。この地域では、多かれ少なかれ誰もが原子力関連会社とのつながりを持つからである。そんな中、身近な話題を交えながらむつ市の貯蔵施設に異を唱える。この人が本章の主役の野坂庸子である。一九四七年、青森県下北郡田名部《たなぶ》町（現むつ市）に生まれた彼女は、幼少期から中学までをむつ市で、高校時代は弘前で学び、その後は東京の専門学校へと進学した。同郷出身者と結婚し横浜で暮らしていたが、一九七四年、二六歳のときに夫と共に帰郷する。それ以来、四人の子を育てながら核開発に揺れるこの地の移り変わりを見つめてきた。二〇〇〇年には「中間貯蔵施設はいらない！　下北の会」（以後、下北の会）の代表となり、二〇二四年現在も活動を続けている。

原発に関わる話題がタブー視される地域社会にて、野坂はなぜそもそも「反対」と声高に主張することができるのか。そして、なぜ、どうして反対し続けるのか。本章では野坂へのヒアリング調査[1]や下北の会の活動内容などから、これらの答えの一端を描くことを試みたい。だがその前に、中間貯蔵施設がいかなる施設で、どのような経緯でむつ市に建設されたのか。さらには野坂たちの活動にはどのような背景があるのか。これらのことについて概観しておこう。

二　使用済核燃料の中間貯蔵施設とは

中間貯蔵施設とは、原発で使い終えた使用済燃料を再処理するまでの間、一時的に管理・貯蔵する施設である[2]。二〇二四年現在、同施設は青森県むつ市にしかない。

なぜこのような施設が必要なのか。政府はその理由を核燃料サイクル事業に「柔軟性を持たせるため」等と説明するが、その内実は増え続ける使用済燃料の処理を危惧してのことである。政府はすでに一九九九年の時点で「原子炉等規制法」を改正し、原発施設外での燃料貯蔵を認め、施設の候補地選定に向けて動き出していた[3]。一方、本丸であるはずの核燃料サイクル事業は当初の予定に反して大幅に遅れているのが現状である。その一翼を担うはずだった高速増殖炉「もんじゅ」（一九八五年着工）は二〇一六年、廃炉になることが決定した。残る可能性は再処理工場（一九九三年着工）となったが、これまでに二七度の竣工延期を繰り返しており、操業開始の目処は立っていない。ゆえに、原発再稼働を今後も進めていくならば、中間貯蔵施設の重要性はますます高まっていくと言えよう。

では、どのような経緯でむつ市に中間貯蔵施設が建てられたのだろうか。表1は二〇二四年現在までの主要な出来事をまとめたものである。むつ市では二〇〇三年、当時の杉山粛《すぎやままさし》市長が誘致を表明したが、計画自体は一九九七年ごろから水面化で進められていたようだ。誘致を決めた理由について市長は「巨額の財政赤字の解消」「恒久的な市の財源確保」「大学設立資金への活用」等を挙げている。(4) 二〇〇五年一〇月には、青森県とむつ市、東京電力（以後、東電）、日本原子力発電（以後、日本原電）の四者で立地協定が締結され、同年一一月には東電と日本原電によりリサイクル燃料備蓄株式会社（Recyclable-Fuel Storage Company）（以後、RFS）が設立された。貯蔵建屋は二棟（貯蔵量は計五〇〇〇トンで、保管期間は五〇年間）建設予定で、一棟目（三〇〇〇トン）が二〇一〇年八月に着工。工事は二〇一一年三月の東日本大震災により中断するも、翌年には再開し、二〇一三年一〇月に完成した。RFSは二〇一四年一月より、原子力規制委員会の新規制基準への適合審査を開始し、二〇二三年八月末に操業にかかわる審査を完了させた。この間むつ市は、搬入予定の使用済核燃料に対する市税を検討し始め、二〇二〇年に条例を策定した。市独自の核燃税は二〇〇八年から検討されていたが、三・一一により中断した状態であった。

二〇二三年末から中間貯蔵事業は大きく進展する。柏崎刈羽原発（東電）の運転禁止命令が解除されると（一二月）、翌年三月には東電とRFSが同原発からの燃料搬出／搬入計画を発表した。六月から七月にかけては、県議会やむつ市議会で中間貯蔵事業や安全協定案についての検討が行われた他、県民説明会や市民説明会が開かれた。その後、宮下宗一郎青森県知事が齋藤健経済産業大臣、山本和也むつ市長と相次いで会合

表1　むつ市の中間貯蔵施設をめぐる主な動き

年	事項
2000年	むつ市による中間貯蔵施設誘致計画が発覚。
2003年	杉山粛むつ市長による中間貯蔵施設の誘致表明。
2005年	青森県、むつ市、東電、日本原電の四者が「使用済燃料中間貯蔵施設に関する協定」締結。リサイクル燃料貯蔵株式会社（RFS）設立。
2010年	貯蔵建屋（１棟目）着工。
2013年	貯蔵建屋完成。
2014年	RFS、新規制基準への適合審査開始（2023年、適合審査完了）。
2020年	むつ市、核燃税条例案を可決（2022年に改正）。
2024年	使用済核燃料の搬出／搬入計画が発表（３月）。青森県、むつ市、RFSの三者が「安全協定」を締結、また同三者に東電と日本原電を加えた五者が「覚書」を締結（８月）。RFSが金属キャスク１基を搬入（９月）。

出典：筆者作成

を持ち、安全協定と覚書の締結に至った（八月）。協定は青森県とむつ市、ＲＦＳとの三者間で結ばれたもので、付属文書には細則と「トラブル等対応要領」がある。覚書はこの三者に東電と日本原電を加えた五者間で締結された。九月下旬、柏崎刈羽原発から搬出された使用済核燃料（金属キャスク一基）がＲＦＳへとついに搬入されたのであった。

三　「下北の会」が動き出す

安全性と市民の声なき決定への疑問

中間貯蔵施設の受入計画が明るみに出た二〇〇〇年八月、この動きにいち早く「待った」をかけた市民グループがあった。野坂を代表とする「中間貯蔵施設はいらない！下北の会」である。設立は同年九月二九日、計画が表面化してから一カ月後のことであった。主婦、農業関係者、会社員、教員などがメンバーで、政党や労働団体とは直接関わりのない市民団体としてスタートした。

同会の目的は「中間貯蔵施設に反対する」ことだが、メンバー間に通底するのはむつ市が「核の最終的なゴミ捨て場」になってしまうのではないか、という危機感である。市は当初より、貯蔵期間を五〇年とし、その後は「第二再処理工場」に搬出すると説明していたが、それが具体的に検討された様子はなく、住民の中では「中間貯蔵イコール最終処分となるのでは」との不安が大きい（栗橋 2024）。先の「安全協定」でも、搬出先については明記されておらず、貯蔵期間が終了するまでに「搬出する」としか記されていない[5]。

施設の安全性に対する疑問もある。中間貯蔵施設は、原発や再処理施設などが有する危険性とは異なり、一〇〇万年という非常に長い期間、安全に「お守り」し続けなければならないという「時間に関係する危険性」を持つ（小出 2004）。しかし、お守りの対象となる使用済燃料を覆うのは、金属製のキャスク（容器）とそれを囲むコンクリート建屋であり、その健全性はもって数十年であると指摘されている。

安全性が確保されれば良いというわけでもない。下北の会は貯蔵施設に関わる決定のプロセスにも厳しい目を向ける。誘致計画にむつ市民の声が反映されていないと感じた野坂らは、反対する市民の存在を市政に伝えるべく、二〇〇〇年一二月、施設受入に対する署名活動を行った。そして翌年五月には一万人をこえる反対署名を市長に提出した（当時のむつ市の人口は約七万人なので、その一割が反対の意を投じたことになる）。同会はまた、施設の賛否を住民自らが決めることを目的とした住民投票条例制定の直接請求運動を行なった。野坂は斎藤（第六章）と共にこの運動の共同代表となった。

下北の会はさらに、市政のモニタリングや市民への啓蒙活動を行う。市に対する申入れや質問はこれまでに十数件を超える。野坂は、議会がある日はほとんど欠かさず傍聴し、直接行けない時はラジオで聴く。市議会が実施したドイツへの視察事業に疑問を持ち、自らもドイツを訪ね、その検証作業を行ったこともある。同会はまた、中間貯蔵についてのリーフレットを作成し、二〇〇二年七月から一年間をかけて、むつ市全戸（二万二〇〇一戸）に配布した。隔週の金曜行動（市内スーパー前での演説）は二〇二四年現在も続く。

逆風の中での歩み

しかし、中間貯蔵施設に対する下北の会の主張は、市政にそのまま受け入れられてきたわけではなかった。メンバーたちは、ジレンマと苦悩の中で活動を続けてきたといっても過言ではない。例えば、下北の会の活動の多くを担うのは「いつも三人から四人」であるという。原発について何か語るものなら、誰かに「聞かれている」「見られている」といった雰囲気があるようだ。野坂は住民投票条例制定に向けた運動を振り返り、「署名簿を一般に公開する期間（縦覧期間）に、最初に来たのは建設会社の社長だった」と教えてくれた。従業員とその家族が署名していないかをチェックしていたという。名簿を見にきたのは建設会社の社長だけではない。市長も確認しに来たようだ。「市の職員を連れて来ましたよ。五〇〇〇人分の名前をメモさせたみたい。これじゃあ、職員が施設に疑問を思っても、何もできないよね」と野坂は指摘する。

原発について話すのが難しいのは、それが家計にも、子どもたちの教育にも関わるからである。原発に関連する仕事をしている人は三・一一を目の当たりにしても、原発のことについてうかつに話すことはできないと思う。その様子を察した子どもたちの中には、働いている人や親を気遣う子もいるだろうし、自分が周りからどう思われているかについて敏感になるケースもあるのではないか。「お母さん、ＰＴＡに行ったら原発のことを話さないでね」との一言はその現れであろう。「ここの高校をトップで卒業すると、就職先は電力会社なのよ。稼ぎも違う」。ゆえにそこを目指して頑張る生徒たちももちろんいる。だからこそと野坂は言う。「三、四人であっても、ここでは動ける人ができる範囲でやる。無理しないでそれぞれができることをやるのよ」と。

では、野坂自身は四人の子を育てながら、なぜ、どうして〝動ける〟のだろうか。

四　なぜ反対を主張できるのか

革新派市長を支えた父の影響

筆者は二〇二二年九月のヒアリングにて、その理由を単刀直入に聞いてみた。すると「私の育ちかな」との返答があった。そして「父が、菊池渙治《きくちかんじ》さんの影の参謀をしていたのですよ」と続けた。

菊池渙治は、野坂と同じ青森県下北郡田名部町出身の政治家で、青森県議を三期、むつ市長を二期務めた。もともとは田名部町議だったが、一九六〇年にむつ市が設置されるとむつ市議となり、初代市議会議長となる。一九七三年九月の市長選では、共産党や社会党、さらには労働組合などの革新系勢力の支持を受け、市長に初当選する。菊池は、河野幸蔵《かわのこうぞう》市長（当時）が進める原子力船「むつ」の受け入れに反対していた。

野坂の父は、地域史家・鳴海健太郎が下北の文化運動を語る上で欠くことの出来ない人物と評する高瀬達夫《たかせたつお》である。敗戦直後の下北で「米よこせ」運動を展開し、進駐軍から睨《にら》まれたこともある（鳴海 2010）。この高瀬が後援会長となり、菊池を支えた。

野坂はこの父を見て育った。選挙中の実家には「政治的に色がついていますという感じの人が、それはもうたくさん集まってきました」と言う彼女は、その中で生きた政治学を刷り込まれたのだろう。表2は菊池が一九七〇年代以降に戦った選挙戦をまとめたものであるが、これをヒアリングの際に見せると、「あらー、懐かしい。これ頂けるかしら」と嬉しそうに眺めていた。菊池と市長の座を競ったのは河野と杉山（いずれも自民党公認）である。一九八五年の選挙で勝利した杉山は、二〇〇三年に中間貯蔵施設の誘致を決定した。その後、二〇〇七年に急逝するまで六期にわたりむつ市長を務めた。

表2　むつ市長選の様子（第5回〜第8回）

市長選	第5回	第6回	第7回	第8回
年月	1973年9月	1977年9月	1981年9月	1985年9月
有権者数	28,800人	30,623人	32,663人	34,015人
投票率	78.32%	85.11%	81.63%	86.07%
結果	菊池渙治 11,921 河野幸蔵 10,537	河野幸蔵 14,178 菊池渙治 11.731	菊池渙治 13,834 河野幸蔵 12,655	杉山まさし 15,098 菊池渙治 14,002

出典：むつ市 HP「むつ市長選の記録」より筆者作成

これらの選挙戦では推進派と反対派の得票数が僅差であり、二つの勢力は拮抗していることが読み取れる。その中で菊池が初めて市長となった第五回選挙はむつ市でも大きな衝撃を持って受け止められたようだ。中村亮嗣（第二章）は「原子力船にこれまで表だって反対できなかった市民も、選挙運動に関わり行動していた」（中村 1977）と振り返る。

むつ市民が反対の狼煙をあげたこの時、野坂はどんな思いでいたのだろう。「外に出ないと、ここの良さはわからない」と父に諭され、高校時代は弘前で、卒業後は東京で学んだ野坂は、父の思いに故郷の情景を重ねながら、自分の使命を模索し始めたのではなかろうか。野坂が表に出て活動し始める約二五年前のことであった。

理解者と先輩、そして仲間たち

現在の野坂を形作ったのは、生まれ育った環境だけではない。まずは夫の存在である。彼は「組合関係の人間で、七〇〜八〇年代と組合の力が強かった時代は、反原発運動をガンガンやっていた」とのこと。運動に対する理解があったのだと筆者は合点した。しかし、野坂による表だった活動は二〇〇〇年以降である。その理由を聞くと「退職して疲れちゃったみたい。それで私も子育てが一段落していたから、今度は私が主人の代わりに活動を始めた」とのことだった。

とはいえ、野坂は一九九〇年代後半からゴミ問題に対する活動も行なっていたようだ。そこで、後の住民投票条例の直接請求運動にて一人で数十名の署名を集めた「スーパーマン」と出会い、運動のノウハウを学ぶ。その彼女は、下北の会の事務局が置かれた自然食品店「檜葉《ひば》」の初代店主だったが、むつ市出身ではないなどの理由から、会の代表にはならなかった。

調査のために訪れたドイツでは、脱原発運動の先駆者とされるマリアンネ・フリッツェン氏（一九二四～二〇一六）に会った。ドイツ連邦環境大臣が「政治家と原子力産業を打ち負かした」と評した人物である。[7]野坂は彼女から「市民運動は長く続けること、長く（相手を）見続けることが大切」であることを学ぶ。

中村亮嗣は野坂にとっては兄のような存在であり、その中村が運動の拠点にしていたのが田名部教会であった。野坂はそこで受洗する。牧師の息子は野坂の幼馴染で、中村の活動を支えた松井真だ。彼は中村の著書『ぼくのまちに原子力船がきた』の中で、市長や市関係者にずけずけと物を言う反対派青年として描かれている。むつ市議の同級生は金曜行動でも街頭に立ちマイクを握る。野坂の活動を現在、もっとも近くで支えるのは事務局メンバーである。一人は退職を契機に活動に参加し始め、現在は事務局長を務める栗橋で、もう一人は檜葉の二代目店主である。

五　なぜ反対し続けるのか？

「やめよう」と思ったことは一度もない

「なぜ反対し続けるのか」という質問は、実は運動の当事者に対しては決して聞きやすいものではない。反対し続けているという時点で、その行動が実っていないことの方が多いように思われるからだ。

実際、下北の会が反対する貯蔵施設の建設は、三・一一が起きてもなお、何事もなかったかのように進んでいった。野坂は三・一一後の様子について、運動をしていると手をそっと振ってくれる人もいるが、「下北は結局、何も変わっていないのかもしれない」と語る。市長宛に要望書や質問書、申し入れを書いても、この二〇年間、市長と市役所で会ったことは一度もない。事務局の栗橋に言わせれば、市からの回答はいつも要領を得ない。自らの責任を回避しているかのように見えるようだ(8)。

筆者は、これではまるで対戦相手のいないテニスのようだと思ったことがある。ボールを打てども、ほとんど打ち返されることもなく、相手に届かず響かない状態のように感じるからである。

それでも筆者は、なぜ反対を続けるのか、辞めたいと思ったことはないのかと、野坂に尋ねた。一度目は二〇一三年で、二度目はその約一〇年後の二〇二四年のことである。いずれも答えは変わらず、「未来の世代のために『やめよう』と思ったことは一度もない」であった。二〇二四年時にはこれに加え、キリスト教幼児教育の大切さについて教えてくれた。キリスト教徒であることと反原発運動の担い手であることは、直接的には関係しないように思われる。しかし、野坂のキリスト教を背景とする教育に対する想いは、原発に先立って存在する彼女自身の生き方に影響を与えており、そのことが筆者には運動の継続と無関係であるとは思えなかった。以下、順に説明していこう。

未来の世代へ、むつ市民の記録を残す

反対運動を続ける理由、それは「未来の世代のため」ということであった。野坂は「私はいつもね、後世に対してこの時代の全員が賛成したわけではないっていう証を残したい」と語る。そして次のように続ける。

> 福島の人たちも若い人たちも、なぜ原発のようなものを受け入れたのか、他に選択肢はなかったのか、反対はなかったのかと思うでしょう。どうしてこのような状況になってしまったのか、その記録なのです。もちろん、行政にはその経緯を説明する記録があるでしょう。でも、市民の記録がないのです。

「市民の記録がない」という指摘に注目したい。ここには、この地で暮らす一人の母親として、また革新派市長の参謀の娘として、むつ市政を見続けてきた野坂だからこその観察がギュッと詰まっているのではないか。むつ市議会を傍聴して二〇年、むつ市のチラシや広報誌を読み込んで二〇年。そこには、中間貯蔵施設についての市政の記録はあるが、市民が何をどう考えてきたのか、何をしてきたのかについての記録がないのだ。野坂が言わんとしているのは、単に豊かで持続的なむつ市の将来を残したい、というだけではないのである。彼女は、市民たちの声の所在を、そしてまたその具体的な中身をきちんと記録して後世に伝えていかないといけない、というのである。

この主張には抵抗の意味も含まれているのではないか、と筆者は考える。抗う直接の対象は「不可視化」であり、在るものを見えなくしていく力である[9]。例えば野坂は、街頭でチラシ配布をしている時、中学生から「それは何？」と質問されたという。彼らは施設受入が決定した時は生まれていないし、施設については親から何も聞いていないようだった。ところが親も施設のことは習っていないから知らない。もちろん知っている人もいるだろうが、原子力についてはタブー視されていて話し難い。こうして施設は、そこに在るのに見え難くなっていく。

誰も否定できないようなポジティブなイメージを想起させる表現や、価値中立的で丁寧な言葉遣いにも注意が必要である。「リサイクルと知れば、誰も悪い気はしないでしょう」と野坂に指摘され、ハッとした。

使用済燃料の「中間貯蔵事業」と呼ぶのではなく、「リサイクル」だと言われたら、良いイメージが先行する。そうすると、その先への意識、つまりはリサイクルの中身やその背景に対してはよほどの関心がない限り及ばない。「説明会」という言葉も慎重に考えたい。筆者が見るところ、県や市は説明会イコール住民の理解、と解釈しているのだろうかと思うことがある。例えば二〇二四年七月、安全協定案に関わる説明会では、ほとんどの会場にて施設を疑問視する声が上がっている（むつ市では六〇の意見中五九が疑問視するものだった）。だが、その後の行政の様子を見ていると、これらの声は「市民の皆さま」の「ご理解」や「寛容さ」、さらには「総合的判断」といった言葉にかき消されてしまっているように感じられた。

力は露骨に行使されることもある。市主催の会合をめぐり、二〇二〇年二月に一悶着あった。会合は核燃料税の「検討プロセスを市民参画の形で進め、新税の使途についても市民ニーズをとらえたものとするため」のものである。会合開催の情報をキャッチした下北の会の事務局は、参加を希望したが認められなかった。しかしこれに納得できず、改めて希望を出すも、結果は同じだった。ところが会合前日となり、電話にて急遽「参加可能」であることが伝えられたのであった。なぜこのようなことが起きるのだろう。下北の会の疑問は未だに拭えていない。なお実際の会合では、核燃税に関する説明はほとんどなかったようだ。

「理由」を聴くことの大切さ

野坂が幼少期から青年期を過ごしたのは、下北の地で最初に幼児教育を始めた田名部教会であった。野坂は自分について、この教会が運営する「田名部幼稚園で育てられ、田名部幼稚園にずっとかかわってきた」と記す（日本基督教団田名部教会 2022）。キリスト教幼児教育のエッセンスは、幼児でも一人ひとりを個人として認めることである。だからこそ、自分の意見をきちんと持ち、それを相手にしっかりと伝えること、相手の意見もしっかりと聞くことを子どもたちに身につけてほしい、と野坂は語る。そして「子どもの社会も〝社会の縮図〟ですから当然、喧嘩もあるでしょう。その時は互いの主張を聞いて仲直りをし、問題を解決したという経験をたくさんさせたい」と付け加える。

しかし、教育の現場は野坂の想いと逆行する。「学校では学校行事がどんどんなくなっていって、子どもたちが一つの行事に時間をかけることがなくなってきた」。そして一人ひとりが異なった意見を出す中でクラスを一つにまとめていくプロセスが失われている、と嘆く。何よりも「行動や発言の理由について、子どもたちから真剣に〝聴く〟ことを学校は忘れている。何かをしたら、ただ怒られる。口ごたえするなとも言われる。でもその理由を聴かないと対立の原因も分からないし、仲直りも協力も難しい」。

このプロセスがごっそり抜けた環境で育った子どもたちが、やがては大人となり地域や社会を支えていく。野坂はここに危機感を抱く。議会を傍聴し続けてきた彼女は「議会で毎回質問する議員はほぼ決まっているし、多くの議員は頷いてばかり。反対意見があっても、その背景や理由を聴くというより、ヤジを飛ばすだけ。お上が決めたことに従うばかりで自分の意見がない」という。そんな彼らが、むつ市民の代表として中間貯蔵施設の誘致を決め、建設にゴーサインを出してきた。野坂はキリスト教幼児教育を基調としながら、現在の教育環境に厳しい目を向け、その延長線上にむつ市政のあり方を問うているのである。

野坂のこの姿勢は、貯蔵施設への反対よりも先に存在する、彼女の生き方そのものから導かれたものだと思う。二〇年以上に及ぶ彼女の運動を理解する上では、父の影響もその理解者、先輩、仲間たちの存在も欠かすことはできない。しかし、幼少の時から慣れ親しんできたキリスト教幼児教育のエッセンスは、彼女の自己形成過程における「いつも変わらぬ土台」としての役割を担っていたのではないか。だとすれば、仮に原子力船がこの地にやって来なくとも、中間貯蔵施設がなかったとしても、野坂は子どもの社会から市政まで、今と同じようにかかわり続けていたのではないかと筆者は考える。

六　むすびに代えて

野坂は、今より約二〇年前、むつ市が施設受入を決定した時のことを次のように振り返る。

町の中でも市議会でも「国が進めることに間違いはない」と言っていた。「お上が進めることに問題があるわけがないじゃないか」と。そこで何か質問したり、異を唱えたりすると「国賊」と呼ばれた。だから誰も反対と言えなくなった。住民投票条例のときも、ある議員が一〇〇年先よりも今が重要だと言っていた。でも、二〇年経った現在のむつ市の様子を見たら、どう思うのかしら。

二〇二四年七月、青森県内各地で開かれた中間貯蔵事業と安全協定についての説明会でも同じようなロジックが聞こえていた。野坂はそこで「国策なら、国のハンコをもらって下さい」と言い放った。行政側からの回答は、国はあくまでも「許認可」に徹するとのことだった。

では二〇年前もそれ以前も、国がお墨付きを与えてきた事業はこの地に何をもたらしてきたのか。ヒアリングの際、野坂から頂いた資料の最初の項目「下北半島・原子力施設の略歴」には一九四九年の「東北砂鉄鉱業（株）、大畑に精錬工場を建設」から始まる〝苦難〟の歴史が記してあった。砂鉄事業は頓挫し、次にやってきたのはビート（砂糖栽培）事業だったがそれも上手くいかなかった。その次は製鉄事業、その後は原子力船がやってきた。前者は経営難に直面し、後者は廃船となった。夢と希望が繰り返し語られ、消えていく。そこにあるのは、人口がまばらで主要な産業がないと思われている、首都圏から遠く離れた場所、すなわち〝辺境〟を求めた国策と、それによって翻弄され続けた下北半島の姿であった[10]。

もっとも、むつ市側から見ればこれらの施策は地域の現状を打破するための必死の手立てであったに違いない。だが、むつ市が辿ってきたこれまでの経験を踏まえるなら、野坂による本節冒頭の回想は、自分たちの将来を自身の内側ではなく、外側に求める発想や国に頼ろうとする気持ちへの警句に聞こえてくる。施設に「ノー」を突きつけ、それを今もなお続ける野坂たちの運動の本質とは、自分たちの地域を自分たちで豊かにしようとする想像力とその可能性を奪うもの—そこに在るものを見えなくしていく力—への抵抗なのである。

＊付記　本章は高木仁三郎市民科学基金（第22期・23期）の助成を受けた成果の一部である。

〔注〕

（１）本章における野坂の発言などについては、筆者らによる野坂へ六回のインタビュー調査（二〇一三年一〇月二八日、二〇一六年九月一三日、二〇二二年六月一八日、九月二〇日、二〇二四年三月一二日、七月二九日）による。

（２）中間貯蔵という呼び方は、福島県の大熊町と双葉町に整備されている中間貯蔵施設と同じだが、この二つは似て非なるものである。福島の施設は、除染に伴い発生した土壌や廃棄物等を処分するまでの間、一時的に保管する施設である一方、むつ市にある施設は定義上、「廃棄物」ではなく、使用済核燃料という「資源」を再処理するまでの間、一時的に保管する施設である。

（３）原子力資料情報室（2012）によると、むつ市の他に鹿児島県の西之表市や宮崎県南郷町、島根県西ノ島町、福井県美浜町にて使用済燃料の貯蔵施設誘致計画があったようである。

（4）一部の用地買収などは誘致表明以前に行われていたようである（「ダミー会社使い土地買収」（『東奥日報』二〇〇八年一二月三〇日付を参照）。なお誘致に至るまでのプロセスやその後の展開については、例えば茅野・吉川・川口（2006）、茅野（2013）、西舘・太田（2015）などに詳しい。

（5）協定と同じ日に取り交わされた青森県とむつ市、ＲＦＳ、東電、日本原電による「覚書」には、使用済燃料中間貯蔵事業の確実な実施が著しく困難となった場合（第三項）として「使用済燃料の施設外への搬出」などが記されている。なお、「安全協定」や「覚書」には明記されていない搬出先だが、二〇二四年七月二三日の宮下宗一郎青森県知事と斎藤健経済産業大臣との会合では、斎藤大臣より六ヶ所村の再処理工場を想定し、第七次エネルギー基本計画への記載を検討する旨、発言があったようだ。

（6）現地での検証作業により、市議による報告や観察内容との違いなどが明らかになった。さらなる詳細については報告書である野坂・澤井（2005）を参照。

（7）原子力資料情報室ホームページ「訃報：ドイツの脱原発運動の先駆者、マリアンネ・フリッツェンさんのご冥福を祈ります」（二〇一六年三月一二日、https://cnic.jp/6915、最終閲覧：二〇二四年九月一八日）を参照。

（8）栗橋伸夫に対するインタビュー（二〇二四年七月一六日実施）による。

（9）ルークス（1995）などを参照。

（10）茅野（2023）を参照。

〔文献〕

栗橋伸夫（2024）「全国と連帯し使用済み核燃料搬入を許さない」『社会主義』二〇二四年三月号（第七四一号）、二七〜三三頁。

原子力資料情報室編（2012）『原子力市民年鑑2011-12』七つ森書館。

小出裕章（2004）「『使用済み核燃料中間貯蔵施設』とは？」宮崎県内連続講演会資料、一〜一二頁。

茅野恒秀（2013）「第Ⅳ部解題」船橋晴俊・茅野恒秀・金山行孝編『「むつ小川原開発核燃料サイクル施設問題」研究資料集』東信堂、一〇五三〜一〇六〇頁。

茅野恒秀（2023）「『原子力半島』はいかにして形成されたか――下北半島・六ヶ所村の地域開発史と現在」茅野恒秀・青木聡子編『地域社会はエネルギーとどう向き合ってきたのか』新泉社、九八〜一二四頁。

茅野恒秀・吉川世海・川口創（2006）「使用済み核燃料中間貯蔵施設の誘致過程――青森県むつ市を事例として」『法政大学大学院紀要』第五六号、一七一〜一八七頁。

東奥日報（2000）「使用済み核燃料中間貯蔵施設 むつ市が誘致打診」八月三一日付。

東奥日報（2008）「ダミー会社使い土地買収」一二月三〇日付。

中村亮嗣（1977）『ぼくのまちに原子力船がきた』岩波書店。

鳴海健太郎（2010）『下北人物伝』ウィークしもきた社。

野坂庸子・澤井正子（2005）『ドイツ・ゴアレーベン視察と交流』ドイツ訪問報告書。

西舘崇（2018）「むつ市における直接請求運動と地域民主主義」『民主教育研究所年報』第一八号、一〇一〜一一四頁。

西舘崇（2022）「３・11直後の青森県政と原発関連施設の工事等再開をめぐるポリティクス――県民の〝声〟の行方」『環境思想・教育研究』第一五号、七五〜九〇頁。

西舘崇・太田美帆（2015）「なぜむつ市は核関連施設を受け入れたのか――原発『お断り』仮説の追試を通して」『論叢』第五五号、八一〜一〇三頁。

日本基督教団田名部教会（2022）『創立１１０周年記念誌 祈りの果実』日本基督教団田名部教会。

ルークス・スティーブン（1995）『現代権力論批判』中島吉弘訳、未来社。

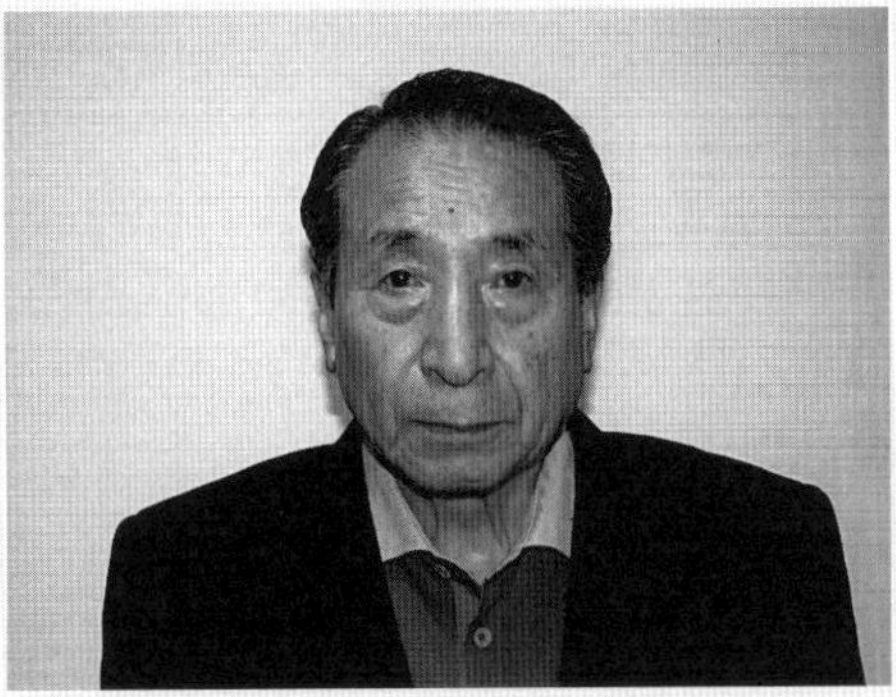

第八章

〈独りよがり〉をめぐる葛藤
――核開発地域における教育改革

三谷高史

＊北川博美（きたがわ・ひろみ）氏

一九五六年青森県下北郡田名部町（現むつ市）生まれ。青森県立田名部高校卒業後、東京都内の大学・大学院へ進学し一九七七年修士課程修了（文学修士）、同年神奈川県川崎市で教師生活をスタート。一九七九年四月から下北に戻り、管内の小・中学校に講師、教諭として勤務。二〇〇八年四月、電源立地地域対策交付金等を活用して新設（三つの中学校を統廃合）された東通村立東通中学校の初代校長に就任。校長を四年間務めた後に二〇一二年に定年退職。専門教科は国語。長年の趣味は尺八。

一 はじめに

本章で取りあげるのは東通村立東通中学校の初代校長、北川博美である(1)。

東北電力東通原子力発電所(以下、東通原発)のある青森県下北郡東通村は面積二九四・四キロ平方メートル、県内中核都市の八戸市(三〇五・六キロ平方メートル)と同程度の広さをもつ。二〇二四年四月一日現在、東通村内の教育機関は、社会福祉法人立幼保連携型認定こども園・こども園ひがしどおり、村立東通小学校・東通中学校(小中併設一貫校)のみである。それらは大規模な学校統廃合によって誕生した。この体制となったのは、二〇一二年四月にこども園ひがしどおりが開園してからであるが、それ以前から小中学校の統廃合は進んでおり、小学校は一一校が統廃合され二〇〇五年四月に東通小学校が開校、二〇〇九年四月からは残りの五校も統廃合されて一校体制となった。中学校は三校が統廃合され、二〇〇八年四月から一校体制になっている。二〇〇四年四月時点では村内に幼稚園六園、保育所一園、児童館六館、小学校一六校、中学校六校が存在していたので、七年間という短い間に大規模な統廃合が実施されたことになる(図1)。

この学校統廃合は東通村教育史上もっともドラスティックな教育改革の一環であった。そして、この教育改革は核開発が抜きがたい前提として存在していることも大きな特徴である。北川の校長としての歩みの八年間は、奇しくもこの教育改革の期間とほぼ重なっている。北川博美という下北の教師の歩みはどのようなものだったのだろうか、そして彼は東通村の教育改革の中をどう歩んできたのだろうか、これが本章の問いである。

まず、次節では学校統廃合を含む東通村の教育改革の概要を確認しておきたい。

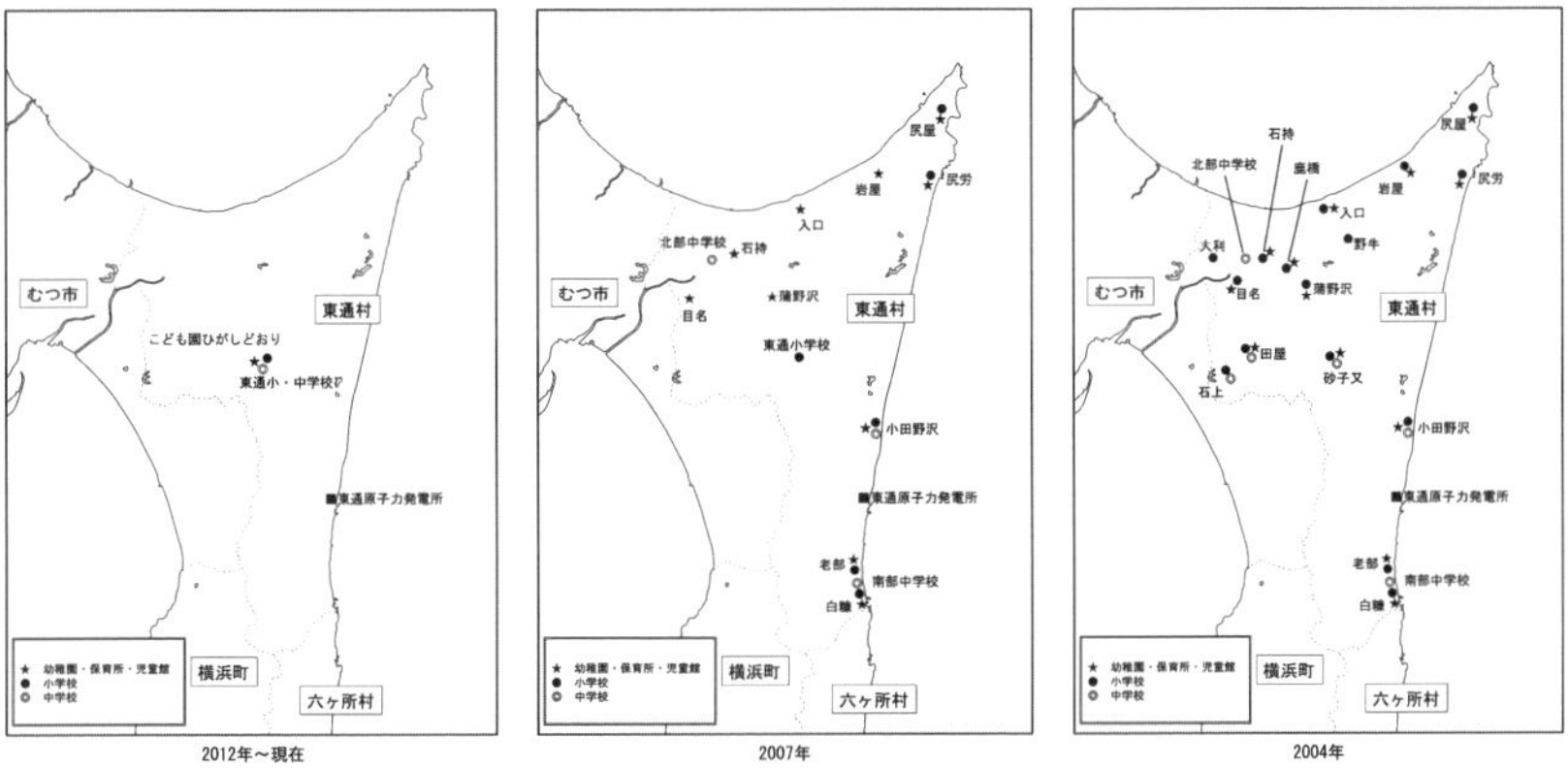

図1　東通村における学校統廃合の過程（筆者作成）

二　学校統廃合の経緯とその特徴

村内すべての幼稚園、保育所、児童館、小学校、中学校を一箇所に集約するという大規模な統廃合の背景にあったのは、二〇〇五年に策定された東通村総合教育プラン「教育環境デザインひがしどおり21」（以下、総合教育プラン）である。

二〇〇四年三月一七日、東通村議会で「二一世紀東通村教育デザイン検討委員会設置条例」が原案可決され、四月には越善靖夫村長（当時）の諮問機関として二一世紀東通村教育デザイン検討委員会（以下、検討委員会）が設置された。検討委員会の委員は教育関係者（四名）、企業関係者（三名）、学識経験者（三名）、住民（四名）の四者一四名で構成されており、企業関係者として東京電力、東北電力の社員がそれぞれ一名含まれていた。さらに、「電源地域等の長期的かつ自立的な振興を図り、これを通じて、電源立地の円滑化、電力供給の安定確保を実現し、もって我が国経済の発展及び国民生活の向上に寄与することを目的として設立」（定款第三条）された電源地域振興センターが事務局に名を連ねるというきわめて特徴的な体制であった。また、教育関係者として教育委員長職務代行者が一名参加しているが、教育長は全ての会議においてオブザーバー参加であり、既存の教育行政は総合教育プラン策定の主体としてはみなされていなかった。

委員会の事務局は東通村企画財政課の担当となっており、そこに電源地域振興センター、株式会社計画工房、大学教員一名が参加していた。四回開催された検討会議の議事録を確認すると、ほぼすべてのデザイン原案はこの事務局から提示されている。さらに、諮問者として全会議に出席し、審議に加わることや審議に注文をつけることさえもあった村長も原案を事前に把握していた。また、検討委員が原案に疑義を示したとしても、発表された総合プランで大きな修正はなされていなかった。これらに鑑みると総合教育プランの策定は村長と事務局主導で進められたことは明らかであろう（三谷 2018）。

とはいえ、一部の人びとがそれまでの村の教育に対して不満をいだいていたことも確かで、総合教育プランはそうした声を拾い上げてもいた。検討委員会が実施した児童・生徒、保護者を対象にしたアンケートやワークショップで出された意見の中には「小中併設や複式学級の学校もあり、そうした学校は学力が低い」、「保護者の意見が学校に届きにくい」、「先生が地域に住んでおらず、周辺から通勤してくるため、地域のことを知らない」、「少人数のため顔ぶれが変わらず、人間関係が固定化されることで、子どもの積極性や自主性が育たない」といったものがみられた（二一世紀東通村教育デザイン検討委員会 2005b）。

発表された総合教育プランの冒頭では「村の教育の現状における課題として、『人づくりのための学力の充実』こそが、何にもまして可及的速やかに対処すべき必要性がある」こと、そして、「子供たちが複雑な社会に対応し、夢と希望を持ちながらこれを達成するためには、主体的に対応できる確かな知識と能力を身に付けさせる必要」があり、それは「即ち、徹底した学力を身に付けさせることに他ならない」と述べられている。総合教育プランは〈「適正」規模の学校において、幼小中一貫教育を提供し、子どもたちを切磋琢

表1　東通小・中学校の建設事業費（単位：円）[2]

	小学校	中学校
建築事業費	4,436,942,000	4,183,835,000
電源立地地域対策交付金額（基金利息含）	3,370,866,000	3,499,410,000
建設事業費に交付金が占める割合	76.0%	83.6%

磨させ、学力を向上させる〉という論理に貫かれていた。総合教育プランは八の骨格デザイン、すなわち①教育体系、②学校運営システム、③教育内容、④教員配置、⑤住民参画、⑥学童保育、⑦保護者サポート、⑧その他教育環境振興であり、その下に三〇の詳細デザインが配置されている。学校統廃合は幼小中一貫教育と一体の詳細デザインとして①教育体系デザインに位置付けられており、最も優先度の高い項目の一つであった（二一世紀東通村教育デザイン検討委員会 2005a）。

当時の村内すべての小・中学生、約五〇〇名を収容可能な学校となると、かなり大きな規模となる。実際に建設された東通小・中学校の施設・設備は非常に充実したものであった。それを可能にしたのは電源立地地域対策交付金（以下、交付金）であった。表1は東通小・中学校の建設事業費と交付金が建設事業費に占める割合を示したものである。そして、開校から小学校は一九年、中学校は一六年が経過しているが、それから今日までこの充実した教育環境の維持・運営にかかる費用についても、かなりの額が交付金でまかなわれてきた。表2は二〇二三年度の交付金交付先事業の実績のうち、教育環境に関わるものをまとめたものである。燃料費や光熱水費だけでなく、スクールバスの運行、職員や村費採用常勤講師の人件費も対象となっており、交付金なくして現在の東通村の教育環境の維持・運営がほぼ不可能なことがわかる。そしていうまでもなく、東通村の場合、交付金は東通原発が存在するからこそ交付されている。村の自主財源としての固定資産税なども加味すれば、現在の東通村の教育環境の構想、実現、維持、運営あらゆる面において、東通原発はなくてはならない存在でありつづけている。

表2　教育環境の維持・運営費と交付金充当額（単位：円）(3)

事業名	事業費	交付金充当額	事業概要
東通村教育関連施設維持運営事業	86,716,346	77,680,000 89.6%	教育関連施設（小・中学校、給食センターなど）の燃料費、光熱水費
東通村教育関連施設運営事業	52,258,597	51,500,000 98.5%	教育関連施設（小・中学校、給食センターなど）の職員等の人件費
東通小・中学校及び高等学校通学バス運行委託事業	168,342,900	168,280,000 99.9%	小・中学校の児童生徒及び高等学校の生徒用スクールバス運行委託料
東通小・中学校少人数教育導入授業	39,100,373	39,010,000 99.9%	村費負担常勤講師・非常勤講師の人件費

次節以降は北川の教師としての歩みをふりかえり、その歩みが上述の性格をもつ東通村の教育改革とどのように交錯してきたのかをみていきたい。

三　関東から下北へ――〈独りよがりではない教育〉を求めて

教師としてのスタートライン――神奈川県川崎市

冒頭のプロフィールにあるように、北川が教師として歩みはじめた地は下北ではなく、関東であった。神奈川県川崎市の教員採用試験に合格した北川は一九七七年四月宮前区内の公立中学校に赴任した。私立学校での講師経験はあったものの、全校生徒およそ一九〇〇人という大規模公立校での勤務に北川は戸惑うことになる。

例えば、北川が国語の授業で詩人・草野心平の蛙に関する詩を扱った時、生徒たちが「オタマジャクシをみたことがない」、「蛙をつかんだことなんてない」と話していることに彼はおどろく。学校周辺にはコンクリートで覆われた河川しかなく「写真や映像を使っても子どもたちにとっては実感が伴わない授業になってしまっていた」と語っている。「子どもたちの実感が伴うような国語の授業をしたい」、「それだったら、青森に帰って一から出直して」そんな想いが若き北川の脳裏には浮かんでいた。

また、北川は教科指導だけでなく、生徒指導においても自分の力量不足を感じていたという。一九七〇年代は「落ちこぼれ」や子どもたちの「荒れ」に対する学校側の管理教育、体罰などが社会問題化し、学校や教育のあり方が問われていた時代であった。さらに、当時北川の勤務していた中学校では、授業や生徒指導、部活動、さらには教職員組合の活動においても熱心な教師とそうでない教師とがわかれてしまっていて、「先生たちの協力体制も全然できていなかった」と語っている。駆け出しの教師が理想を追うのには困難な状況であったことがうかがえる。

北川：独りよがりで教育できるわけじゃないし、やっぱり家庭とか地域と一緒になってやらないと、やっぱり完結しないっていう想いもあってね。ある意味、私はこちらに帰ってきてよかったなと思ってるんです。

「ある意味」とあるように、二年で地元に戻ることへの葛藤もあったと思われるが、北川は〈独りよがりではない教育〉を求めて、地元の教師として生きること選択し、その選択を「良かった」と振り返っている。「やっぱり」をくりかえし、噛みしめるように発した傍点部の語りに、筆者は北川の教師としての矜持を感じた。

もともと北川は教師志望であったわけではなく、高校時代は出版社の編集者志望であった。紙幅の関係上詳細は割愛せざるを得ないが、都内の大学を志望していた親友のすすめなどもあり、高校三年の秋に大学進学を決意する。大学時代も書店でアルバイトをし、本をつくる仕事に就くことを目標としていた時期もあるが、教職課程は履修していた。中学時代、町内にあった「ほらく劇場」という映画館に『赤ひげ』を観に連れていってくれた担任や、高校時代の担任で「生徒からの信頼は絶大だった」という斎藤作治（本書第六章）などの影響があったという。斎藤は下北出身であったが、北川が中学生の頃までは下北出身の教師は多くはなく、津軽や弘前出身の教師が多かった。このような経験も地元の教師として下北に戻るという北川の選択を後押ししていたように思われる。

ここで、前節で確認した東通村の教育改革にいったん立ち戻る。本章では、北川の言葉をかりて、東通村の教育改革を〈独りよがりな教育改革〉と表現したい。もちろん特定の個人の独善による教育改革はありえないし、実際に改革を望む人びとの声があったことも確かである。ここでは、東通村の教育改革が民主的な装いをまといつつも、そこに抜きがたい前提が存在していたこと、教育現場への顧慮が欠如していたことを指して〈独りよがりな〉という表現を用いる。

下北の教師としての再出発

下北に戻った北川は岩屋中学校（東通村）、むつ中学校、角違《すみちがい》小学校（むつ市）などを短期間で異動しながら講師として四年間勤務した。講師四年目に青森県教員採用試験に合格した北川は、一九八三年四月、大間中学校（大間町）に教諭として赴任する。当時の大間町は原発誘致に揺れていた。大間町議会が原発誘致を決議したのは一九八四年一二月であり、北川が着任した年は電源開発株式会社による環境調査が実施されていた時期である（第四章参照）。北川は当時の大間中学校の状況について「理由の本当のところはわかりませんよ」と慎重に前置きをしたうえで、「すごく『荒れ』ていたんですね」と語っている。原発誘致に関連して地域の中に「ゴタゴタがあった」ことに加え、学校行事中の事故（北川の赴任前）などもあったためか、学校に対する生徒や保護者の信頼は低かったという。

筆者：この時期、学校はどんなふうに「荒れ」ていたのですか？
北川：もう授業も大変でね。板書してると後ろからパーンって音がしたんですよ。何事かと思ったら、生徒がヨーヨー、水風船のやつを天井に投げて、それが壊れた音でね。水がジャーっと。もちろん、授業中の抜け出しもありました。
筆者：水浸しは大変ですね…。ところで、合唱レコードを作ったのもこの時代ですか？
北川：ここの学校はね…本当に大変だったんですよ。それでも「よくやったな」って自分では思ってますけどね。私は持ち上がりで一年から三年生まで担当しました。二年生からは学年主任も務めたんですけどね、三年生になってから、何か思い出になるものをつくろうと。この学年だけはね、何とか影響を受けないように私たちも努力してきたし、すごく良い親たちもいて…。

ここでいう「影響」とは「荒れ」ていた上の学年からの影響だけでなく、様々な問題で揺れる地域社会からの影響も含まれている。当時の北川は町の教職員宿舎に住んでいたため、学校での生徒の様子だけではなく、生徒が暮らす町の雰囲気も、保護者の状況も身近に感じとっていた。さらに、そうした地域の状況はある程度教師の間で共有もされていた。例えば、先述の「ゴタゴタ」の情報は先輩教師に教えてもらうこともあったと北川は語っている。

この頃から北川は教科指導だけでなく、生徒指導（児童生徒の成長、発達過程を支える教育活動全般）にも力を入れていくことになる。北川は当時から生徒との丁寧なやり取り（面談や手紙など）をするといった個別的な生徒指導だけでなく、生徒会活動や合唱といった特別活動を通して学校全体に落ち着きを取り戻そうと試みていた。

大間中学校で三年間担当した学年を見送った北川は、一九八六年四月に川内中学校（川内町、現むつ市）へ異動となる。当時は全国的に学校が「荒れ」ていた時代で、戦後少年非行の「第三の波」と呼ばれるほどであった。川内中学校は文部省がその対策として実施した「生徒指導総合推進校」の一つであった。北川は川内中学校では学級経営部長を務めながら地域やＰＴＡとも連携して生徒指導に取り組み、さらに同僚や保護者と協力して教科指導や生徒指導の枠を超えた活動にも取り組んでいた。

北川：川内のときなんかは「教育合宿」といってね、二泊三日で生徒が学校に泊まって、全部勉強、ただひたすら勉強に取り組むということなんかもやりました。高校受験を控えた学年です。同じ学年を組んだ先生が、後の東通小の校長先生だったんですけれど、彼が発案してやろうということになって。その時もね、親たちが子どものために家庭科室を使ってご飯を作ってくれたりもしました。

当時の日本の高等学校進学率は九〇％を超え、受験競争は激しくなる一方で下北には進学塾が少ないという地域もあった。「教育合宿」はそうした状況の中で同僚や保護者と協力して実施した課外活動のひとつである。当時の北川は川崎市ではかなわなかった「先生たちの協力体制」によって、「家庭とか地域といっしょ」につくる〈独りよがりではない教育〉を徐々に実現していったといえるだろう。

その後北川は一九九一年四月に田名部中学校へ異動、生徒指導専任となり学校全体の生徒指導を担当することとなる。さらには下北生徒指導連絡協議会や下北国語教育研究会の事務局長を務めるなど学校内外の仕事が重なり、多忙を極めていた。四年目には管理職選考試験の受験もあり、「教師生活で一番苦しかった時代」と振り返っている。一九九五年四月むつ市の青森県下北教育事務所に指導主事として勤務することとなり、北川はこの指導主事時代に下北管内の多くの小・中学校を訪問している。その後の経歴は一九九八年四月から大平《おおだいら》中学校（むつ市）の教頭、二〇〇一年四月からむつ市教育委員会の指導課長補佐として勤務した。

四　〈独りよがりな教育改革〉との対峙

統廃合についての地域の声を聞く

総合教育プランの検討がスタートした二〇〇四年四月、北川は砂子又《すなごまた》中学校（東通村）の校長に就任した。と同時に、併設校の砂子又小学校の校長、さらには砂子又幼稚園の園長も兼務することとなった。しかも、その年度末で中学校は北部中学校に統廃合、小学校は新設される東通小学校に統廃合、幼稚園は休園という、きわめて特殊な状況下での就任であった。

統廃合対象の学校の校長となった北川は、当然、総合教育プランに強い関心を寄せていた。しかし、すでに確認したとおりその策定プロセスは村長、事務局主導であり、北川は校長としてそこにかかわることはできなかった。当時の北川にできたことは一般参加者としてシンポジウムや講演を聴くといったものだったが、閉校に向けた学校運営の中で保護者や地域住民の統廃合に関する声にふれる機会は多かった。北川はその声について「中学校は賛成、小学校は反対という意見が多かった」と語っている。賛成の理由は主に学力向上への期待であった。そして、北川自身も保護者や地域住民と同じような考えをもっていたという。その背景には、自分自身の経験、さらに指導主事時代の学校巡回訪問の経験があった。北川は小規模校での複式学級

（二つ以上の学年を一つの学級で編制する学級）の授業における教師の負担が大きいこと（教材研究が複数学年分必要だったり、中学校では免許外教科の指導が必要だったりもする）、子どもたちの学力が伸びにくいことを問題視していた。ただ、そのまなざしは中学校に限定されており、小学校の統廃合に対しては慎重な姿勢だった。

北川：それは、その地域から学校がなくなるっていう親のことを考えればね…うん。ただ…校長としては言えないんですよ。先導することになるから。校長の意見ありきで議論してるんじゃないかとかいわれたくないもんですからね。やっぱり黙っているしかない。

東通村では当時すでに中学校は統廃合が進み六校となっていたが、小学校は一六校残っていた。小学校も統廃合されればすべての集落から既存の学校がなくなるため、「小学生のうちは地域でゆっくり育てたい」、「子どもが近所を歩いていると安心する」といった保護者の声が聞かれたという。さらに、東通村の小学校は各集落の文化施設として機能してきた歴史もあり、多くの保護者・住民が直接的に学校にかかわる機会（運動会や文化祭など）もあった。中学校は集落にない場合も多く、さらにＰＴＡのような代表組織を通して間接的に学校にかかわるようにもなるため、保護者・地域住民の「小学校が集落にあること」へのこだわりは中学校のそれより強かったようである。ただ、すべての集落が同じ反応だったわけではない。例えば、二〇〇五年の東通小学校開校時には統廃合の対象にならなかった小学校がある集落（老部・白糠）を対象に開催されたワークショップでは、参加者から「統合する小学校と統合しない小学校とで、教育内容に差が出るのではないか」という不安や「一度に統廃合をして一貫教育を」という意見も出されていた（二一世紀東通村教育デザイン検討委員会 2005b）。

このように意見のわかれている学校統廃合に対して、北川は自分の意見をもってはいても、公の場で周りにそれを表明することはなかった。「先導することになる」から「黙っているしかない」というのは組織人として、あるいは威信や権限をもつ学校管理職としては当然の規範なのかもしれない。しかし同時に、その態度は〈独りよがりではない教育〉という北川の矜持、その別様のあらわれでもあったのではないだろうか。

統合委員長として仕事――〈独りよがりではない教育〉の場をつくる

二〇〇四年度末、北川らは砂子又小・中学校の閉校式、幼稚園の休園式を挙行し、統廃合に向けた学校運営を全うした。砂子又小・中学校の敷地は村有地ではなく共有地だったため、記念碑をつくるにも複数いる地権者や地域の人と一緒になって話を進める必要があった。学校を閉じる際もまさに〈独りよがり〉ではないことが求められたわけだが、このときの経験を北川は「東通は地域あっての学校なんだなということを感じました」と語っている。実は北川は教諭として採用されて以来、勤務する学校に教職員宿舎がある場合はできるだけそこに住むようにしていた。それは校長になってからも続けており、砂子又でも教職員宿舎に住み、次に赴任した南部中学校でも小田野沢にあった宿舎に住んだ（北部中学校と東通中学校には宿舎はなかった）。北川は校長になってからも学校の近くで暮らすことで、集落の状況や統廃合をめぐる生徒や保護者、住民の声を身近で直接聴くことができたのである。

砂子又小・中学校の閉校式とほぼ同時期に総合教育プランが公表され、村は全域を対象とした学校統廃合へと動きはじめる。北川は二〇〇五〜二〇〇六年度は南部中学校の校長を、二〇〇七年度は北部中学校の校長を務め、それぞれの学校で統廃合に向けた学校運営を任されることになった。南部中学校時代について、北川は「南部中の校長をやった時点では中学の統合については何も決定していなかった」と語っており、東通村教育委員会の教育政策室による説明を保護者や地域住民とともに受けたこともある。この時「統合ありき」で淡々と説明を進める当局に北川は、統廃合に賛成の立場であったにもかかわらず、その場で異議を申し立てることもあった。南部中学校時代は理科の講師派遣の依頼が統廃合を理由に受け入れられなかったことなども重なり、北川は教育委員会に対して憤りを感じることがしばしばあったという。他の教師が仲裁に入るほどの対立であったが、その後北部中学校に異動した北川に教育委員会から東通村学校統合委員会の委員長への就任依頼があった。

当時北川は東通村校長会の会長を務めていたため、慣例から、ある程度予想はしていたが依頼は事前の調整もなく突然やってきた。その頃には統廃合が「すでに決まった」こととなっていたが、「すでに決まったとはいえ、やるのであればできるだけ生徒と一緒にやっていく必要がある」と考えていた北川は、統合委員長を引き受ける。そして、北川は生徒たちの事前の交流と「三つの中学校の伝統をできるだけ引き継ぐこと」を重要視した。実際に北部、南部、小田野沢中学校の生徒が集められ、あたらしい学校の校則や制服、部活動について話しあったり交流したりする機会が何度か設けられた。統合委員会が学校のあり方をすべて決めるのではなく、各学校の生徒の代表が話しあい、その内容を各学校にもち帰り、各学校で話しあってもらう。そして、次回に各学校で話しあった結果をもち寄り…という過程を何度か繰り返して東通中学校の校則、制服、部活動などは決定された。

また、北川は東通小学校が開校した時（二〇〇五年）、学校に校訓がなかったことを疑問に感じており、統合委員長としてその旨を教育委員会に報告している。しかし、教育委員会の返答は「しばらく様子をみて、現場の先生たちで決めてください」というものだった。教職員の大半は県の職員で異動があり、村外在住の人も少なくない。北川は「村が建てた学校ですし、村がちゃんと揉んで、教育委員会として作るべきではないか」と再度報告し、最終的には教育委員会主導で「日進」「感謝」という校訓（小中共通）が定められた。さらに北川ら統合委員会は保護者へアンケートを実施、その結果を三つの学校の校長、教頭、教務主任らと検討し、東通中学校の学校経営方針（教育目標、努力目標）の素案も作成している。

北川自身、中学校の統廃合には賛成であったし、統合委員長という役職は教育改革の中心的存在ではあるのだが、彼は統廃合に関する生徒や保護者、地域住民の声をもっとも身近に聴いてきた人物でもあった。それゆえに〈独りよがりな教育改革〉が見落としてきたもの、そこからこぼれ落ちてしまったものに気づき、あたらしい学校をできるかぎり〈独りよがりではない教育〉の場に近づけようと尽力した。

そんな統合委員長としての仕事にも終わりがみえていた二〇〇八年三月、県の教員人事異動が公表される少し前の「内示」で北川は自身が東通中学校の校長に就任予定であることを知る。統合委員長がそのままあたらしい学校の校長になるかどうかは「ケースバイケースだった」ようで、北川も「驚きました」と語っている。

五　〈独りよがり〉をめぐる葛藤

〈独りよがりな教育改革〉が学校現場にもたらしたもの

校長としての勤務は二〇〇八年四月一日からだったが、北川は旧年度中にすでに動き出さなくてはならなかった。統合委員長だったとはいえ、校舎、生徒、教職員組織、教育課程等あらゆるものがあたらしい学校である。集まってもらった着任予定の教職員と一緒に校舎を見学した北川は、転落する可能性があったり、死角があったりと校舎内に危険箇所が多いことに驚いた。教職員とともに校舎内の危険箇所をあらい出し、教育委員会に報告をして転落防止のための網や鍵などを設置してもらうことが、北川の校長としての最初の仕事であった。

四月からもしばらくは落ち着かない日々が続いた。その理由の一つに全国からの視察の受け入れがあった。二〇〇八年度の視察受け入れ人数は二〇〇〇名を超え、遠くは沖縄県や玄海原発のある玄海町（佐賀県）などからも視察団が訪れた。

北川：もう落ち着かなかった。正直いって。かたや、なんとかして「荒れ」させないように、どうしたらいいかというふうに神経を使ったものですから、小中一貫どころじゃないんですよ。ただ、小中一貫に関しては、ちゃんと一カ月に二回会議やりました。平成二〇年度は小学校と中学校と教育委員会と、一カ月に二回のペースで会議やったんですかね。考えられない。

この語りで示されているのは〈独りよがりな教育改革〉が現場にもたらしたひずみといってよいだろう。一般的に、年度初めの学校は教師も生徒も落ち着くことはできず、とにかくせわしいものである。まったくあたらしい、誰もが慣れない学校の年度初め、そこに通常以上の業務がのしかかっていた。その業務の中にある「小中一貫」教育だが、総合教育プランにおいては学校統廃合と幼少中一貫教育はセットとされており、最も重要な教育政策の一つであった。ただ、総合教育プランは具体的な「中身」を定めてはいなかったため、公表翌年の二〇〇六年九月に「東通村幼少中一貫教育計画検討委員会」（以下、教育計画検討委員会）が組織された。そこでＩＣＴ教育、英語教育、東通科（東通学）という教育の三つの柱が定められ、それぞれに小委員会が組織され、教育計画（教育課程内・外の学校活動全体）が検討された。委員には全国の研究者（主に大学教員）が就任しており、教育計画の検討は比較的開かれたものであった。

繰り返しになるが、北川は学力向上のためには中学校の統廃合は必要という意見をもっていた。だが同時に北川は「やっぱり『人』を育てなきゃならない。学力だけでないと思うんですよ。いろんな力があると思う」とも語っており、三つの柱のうちの一つである東通科は、彼の中では学力向上のための教科指導と「両輪」の関係にある、重要な学習活動であった。

東通科の概要と東日本大震災の影響

東通科は「東通村の特色を活かした九年間の学びを通して、東通村民として望ましい知識や態度を身につけさせるとともに、自己の生き方を考え、新しい時代を主体的に切り拓くことができる資質を育てる」ことを目的としており、学習の視点として「東通を学ぶ」、「東通から学ぶ」、「東通を創造する」が設定されている。学年が上がるにつれ〈知識習得→体験・課題発見→参加・課題解決〉と学習の割合が変化していく九年間の学びのなかで、子どもたちに「社会参画能力」、「自己実現能力」を身につけさせようとする学習活動である（東通小学校・東通中学校 2012）。このような枠組みのため、東通科は学校だけでは完結しえない。地域の企業や団体との連携が必須となっていたが、連携先の中には東京電力、東北電力も含まれていた。例えば、二〇一三年度東通科の「全体計画」（各学年合計四五時間）をみると九学年の共通テーマ学習として「環境・エネルギー」が各学年で五時間設定されており、「東京東北両電力との連携を図って実施する」と記載されている。公表されている教育計画検討委員会の報告書や資料集には電力会社二社との連携についての記述はなく（東通村幼少中一貫教育計画検討委員会 2008, 2009）、連携の経緯については北川も把握していなかった。

東通科が本格的にスタートしてから二年が経とうとした二〇一一年三月一一日、東日本大震災が発生した。東通村は震度五強の揺れに襲われたが、小・中学校は新しい校舎だけあって大きな被害はなかった。東通原発一号機は定期点検中だったため、本震では大きなトラブルはなかったとされているが、四月七日深夜に発生した余震で外部電源が遮断され、一時は三台の非常用ディーゼル発電機も使用不可能（燃料漏れ、点検中）になるという事象が起こっていた[4]。北川によれば、少なくとも彼の在任期間中は、この事象について東京電力や東北電力から学校に直接の説明はなかったという。核開発を前提にした教育改革によって誕生した学校ではあるが、東通原発に関する十分な情報を入手できていたわけではなかった。「大惨事の一歩手前」と表現しうるような事象がおきたにもかかわらず、である。

東日本大震災の影響で二〇一一年度の東通科「全体計画」では全学年の共通テーマ学習「環境・エネルギー」が第一～六学年で削除された。第七～九学年では共通テーマ学習の時間は残されていたが、報告を読むかぎり、電力会社による授業や施設訪問は未実施、修学旅行が延期になったために東京都内での東通村ＰＲ活動（東通科の成果をひろく公表する機会）が中止になるなどの影響が出ていた[5]（東通小学校・東通中学校2012）。

東通科における葛藤

電力会社との連携が織り込み済みであり、電力会社の動向に影響を受ける東通科ではあったが、やはり北川にとっては東通小・中学校の教育の「両輪」の一つだった。東通科のねらいは北川の矜持とも響きあう部分もあったのだろう。しかし、だからこそ北川の東通科への評価（自己評価を含む）は厳しい。

北川：東通科の今（二〇一六年時点）のやり方にはちょっと私は満足してない。つまりね、調べるだけ調べて、それから発表会。形式的なんです。「こういういいところがありますよ」といって、あとは感想程度になっている。調べることで満足せず、自分で調べた事実をもとにして深く考え、自分の考えや意見を相手にわかりやすく表現することが、総合的な学習の時間の本来の目的です（中略）例えば「東通村をもっと発展させるにはどうすればよいのか」、「どうすれば自分も含めて、経済的にも精神的にも豊かな生活ができるのか」とか（中略）中学三年時には子ども議会に出て、村長さんにこうすればいいじゃないか、こうすれば村が変わるんじゃないかという話をしてほしいと思っていたんです。

北川は子どもたちが調べた事実をもとに自分の意見をもつこと、表明すること、議論することが重要だと考えており、それによって子どもたちが村の未来を展望できるようになることを目指していた。ただ、北川はそれが一朝一夕で実現できるとも考えておらず、「東通科だけではなく、授業の中でも自分の意見を他人ともっと比較したり、議論したりできなくてはいけない」と語っている。子どもたちが授業でも総合学習でも自分の意見をもち、表明し、議論できること、それを「東通の校風にしていってほしい」と考えていた。このような考えを北川は全校朝会で生徒に、職員会議や研修の場で教職員に伝えてはいたのだが、伝えることの「先」に踏み出すことは難しかった。

北川：私も先生たちへの指導助言が足りなかったっていうのは、反省してるんです。実際の授業をみていて、物足りなさ感じるところもありました。（中略）ただ、そこまでいく余裕がないんじゃないかなとも思っていました。先生たちは毎日の子どもの指導で…教科指導、生徒指導それから部活動の指導があって…いろんな文書の仕事もあるしね。

実は、北川はむつ市教育委員会勤務時代、「総合的な学習の時間」(以下、総合学習)の指導助言を担当していた。総合学習は二〇〇〇年から段階的に導入されたため、北川の教育委員会勤務時代は多くの研究が発表され、研修も多数開催されていた。北川は指導助言するために勉強をしていたが、その蓄積や指導助言の経験を東通中学校の教師たちにじゅうぶん伝えることができなかった。北川は小学校と中学校の教務主任が小中一貫教育のカリキュラムについてほぼ毎日打ちあわせをしている場面をみたり、教師たちが「東通科は負担」と話しているのを聞いたりしたため、余裕がない教師たちにこれ以上負担をかけられないという考えがあったという。

北川:東通科は本当に悔いが残る。やっぱり。私はつねに先生たちに話してきたんですよ。小にも中にも。田代先生から教えてもらったことは絶対大事にして、それをうまくね、実践に結び付けていけば、いいものができるから、と何回も話してきました。

「田代先生」とは教育計画検討委員の一人、田代高章(岩手大学)である。開校以来、東通科に関する指導助言は田代が担当しており、「教えてもらったこと」とされる事柄は学校の『研究収録』や田代自身の論文に示されている(東通小学校・東通中学校 2012, 田代 2022)。北川と田代の考えは近い部分もあったと思われるが、田代の議論は子どもたちに身に着けさせるべき資質能力(自己実現力、社会参画力)やカリキュラムのモデルに関するものであるため、具体性は乏しくなってしまう。学校や地域の実情にそくした、具体的で継続的な指導助言も必要だったはずである。北川はそれを担うことができる知見と経験をもっていたが、彼はおそらくあえて担わなかった。

「おそらくあえて」としたのは、北川のこの選択は単なる日和見ではなく、これもまた彼の〈独りよがりではない教育〉という矜持のあらわれであると理解すべきだからである。多忙化している学校において、校長という立場で直接的に指導助言をおこなってしまえば、それこそ周りからの評価次第では〈独りよがり〉に陥りかねない。〈独りよがりではない教育〉のために自分が前に出ず、田代や教師たちに「東通の校風」をまかせるという北川の行動は、これまで彼が選択してきた行動と矛盾しない。

七　おわりに

本章の問いは「北川博美という下北の教師の歩みはどのようなものだったのだろうか、そして彼は東通村の教育改革の中をどう歩んできたのだろうか」というものであった。その回答は「〈独りよがり〉をめぐる葛藤をかかえた歩みであった」ということになるだろう。そして、後者の問いに限定していえば〈独りよがりな教育改革〉と〈独りよがりではない教育〉のあいだでの葛藤であった。

筆者が北川にはじめて会ったのは二〇一三年七月二五日、廃校となった砂子又小・中学校においてであった。そのとき北川の経歴についても話をうかがったが、筆者の第一印象は「エリート街道を歩んだ校長先生」であった。大学院進学率が約五％という時代に修士号を取得し、教師になり、教科指導でも生徒指導でも存在感を発揮、校長会の会長も務めた人物である。紹介してくれたのは斎藤作治だったが、二人はずいぶん違うタイプの教師のように思われた。

しかしながら、インタビューで話をうかがうたび、音声を聞き返すたびに、徐々に北川が大切にし続けた矜持や葛藤、苦悩が浮びあがってきた。それはいわゆる「エリートならでは」のものではなく、下北という地域に根ざしたものであった。

本書が対象とする多くの人びとが取ったような核開発に対する明確な行動を、北川は取っていないようにみえる。しかし、北川もまた核開発地域に生きる人であり、教師である。本章で言及することができたのはその一部でしかなかったが、北川の語りの中には核開発が直接的あるいは間接的にもたらしてきた、地域社会や教育への影響にまつわるエピソードがいくつも含まれていた。核開発そのものやその影響への向きあい方は、いうまでもなく、人によってさまざまである。本章では北川なり――それは主に教師としての専門性や職務を通して――の向きあいの実際を記述することができたのではないだろうか。

二〇二一年十一月からは東通村議会で「中学生議会」が開催され、東通中学校の二年生が一般質問をおこなうようになった。また、二〇二二年からは東通小学校の五年生が参加する「小学生円卓会議」も開催されており、子どもたちが東通科で学んだ成果や自分たちの意見を直接村政に届ける仕組みができつつある。北川が目指し、託した「東通の校風」は学校の外にまで届いている。

〔注〕

（１）本稿で引用されている北川の語りは主に筆者らによる三回のインタビュー（二〇一六年二月一二日、二〇二一年一二月一六日、二〇二四年二月一五日）によって収集されたものである。引用文に付された傍点、括弧書きはすべて筆者による。

（２）東通村教育委員会提供資料（二〇一三年一〇月二八日）による。

（３）「令和五年度電源立地地域対策交付金事業・基金処分事業」https://www.atom-higashidoori.jp/wp-content/

uploads/2024/08/R5jisseki_dengen.pdf
（4）「東通原発、非常用発電機全て使えず　女川も一台故障」、『朝日新聞』デジタル版（二〇一一年四月八日）https://www.asahi.com/special/10005/TKY201104080592.html
（5）すでに本文中でもふれてはいるが、二〇一三年度の「東通科」では、全学年で共通テーマ学習「環境・エネルギー」が復活している。なお、小学校は二〇一七年度から、中学校は二〇一八年度からは東通科における共通テーマ学習はなくなっており、東通科の授業時間数は総合学習の標準時間数となった。これを機に東通科における電力会社との連携は終了したが、「環境・エネルギー教室」などの出前授業などは継続して実施されている（東北電力東通原子力発電所 2018）。

〔文献〕

二一世紀東通村教育環境デザイン検討委員会編（2005a）『東通村総合教育プラン「教育環境デザイン21」報告書〈本編〉』東通村。

二一世紀東通村教育環境デザイン検討委員会編（2005b）『東通村総合教育プラン「教育環境デザイン21」報告書〈資料編〉』東通村。

田代高章（2022）「社会参画力育成に向けた小中一貫『総合的学習』カリキュラムモデル」『岩手大学大学院教育学研究科研究年報』第六巻、五五～七一頁。

東北電力東通原子力発電所（2018）「ＰＳつうしん――東通原子力発電所だより２０１８・11・25」。

東通小学校・東通中学校（2012）『平成二三年度東通小・東通中研究集録』東通小学校・東通中学校。

東通村幼少中一貫教育計画検討委員会（2008）『東通村「東通学及び教科外活動に係る小委員会」報告書』東通村。

東通村幼少中一貫教育計画検討委員会（2009）『東通学「東通科」資料集①』東通村。

東通村幼少中一貫教育計画検討委員会（2011）『平成二二年度東通村幼少中一貫教育計画の実現に向けて――小中一貫教育自主公開発表への支援を通じて』東通村。

三谷高史（2018）「学校統廃合の過程と東通学園の誕生――総合教育プランの策定過程を中心に」『民主教育研究所年報』第一八号、四六～五九頁。

第九章　能舞をつなぎ、白糠で生きる

——暮らしの主体であり続けるために

丹野春香

＊花部雅之（はなべ・まさゆき）氏

一九七六年、青森県下北郡東通村白糠に生まれる。東通村立白糠小学校、南部中学校を卒業後、青森県立むつ工業高校に進学。卒業後から現在まで東通消防署勤務。

小学三年生から現在まで四〇年以上能舞にたずさわり、白糠の能舞伝承組織・白糠勇清倶楽会の会員。また、白糠子ども会で子どもたちへの能舞指導を担い、二〇二一年より同会会長をつとめている。

一　はじめに――「原子力と能舞のある風景」に立つ

青森県下北郡東通村では、長い歳月をかけ多くの集落で能舞と呼ばれる伝統芸能を伝承してきた。この章の舞台となる東通村の中で最南部に位置する白糠《しらぬか》は、その能舞の伝承地の一つであるのだが、同時に下北半島の核開発をめぐるさまざまな意図や願いが交錯してきた地域の一つでもある。

白糠では東通村議会によって原子力発電所（以下原発）の誘致が決議（一九六五）された後、東北電力（株）の東通原発一号機（二〇〇五～）が運転開始し、同発電所二号機と東京電力（株）東通原発一号機、二号機の新たに三基の建設が計画されている。こうした核開発に対し、第三章で描かれるように、白糠では一九七四年に結成された「白糠地区海を守る会」を通し、東通村立白糠小学校の教師と住民たちが原発による開発とは何か、暮らしをつくるのは誰かを問う学習が展開していた。

結城登美雄は、かつて民俗学者・宮本常一が一九四〇～六〇年代にかけて歩いた下北半島を訪ね、原発をはじめとする核関連施設やその案内板などの情報に彩られる風景を見つつ、宮本も見ていた家の軒下など至る所に積まれた薪《まき》に象徴される人びとの暮らしが変わらずにあることに注目する。そうした下北半島の人びとの暮らしの風景を「原子力と薪のある風景」（結城 2011）と表現したのだが、結城にならい「原子力と能舞のある風景」として白糠にもう一度まなざしを向けてみる。すると、核開発という近代科学と複合的な「原子力ガバナンス」（山本 2016）の構図で示される「核半島」の構成拠点の一つとしての白糠に、長い歳月をかけてつなぎ続けてきた能舞という暮らしの次元の一端を垣間見ることができる。白糠という核開発の巨大な権力の磁場がはたらく地で、能舞は開発の力学に押しつぶされることなく続いてきた。白糠に生きる人びとは、どのようにして能舞を次世代につなぎながら自分たちの暮らしをつくり続けてきたのだろうか。

本章では、白糠の能舞伝承の歴史の概要を踏まえつつ、白糠の能舞伝承の担い手であり、子どもたちへの能舞指導を担い続けてきた花部雅之をとおして、花部にとって白糠という地で能舞の伝承を続けていくことの意味を考えてみたい(1)。

二　白糠における能舞伝承の概要

白糠の能舞を支える「白糠勇清倶楽会」

下北地域における能舞は、中世に源を発する権現舞（獅子舞）を中核とする山伏の神楽である。一九八九年に国指定重要無形民俗文化財に指定され、東通村や隣接するむつ市、横浜町でも伝承されてきた。東通村は一四の集落で能舞が伝承され、一九六四年に東通村郷土芸能保存連合会が結成された。毎年一月一〇日頃に発表会を開催するなど、各集落の伝承組織間で協力体制を築きながら伝承し続けてきた。

能舞の伝承組織は、江戸時代に組織された若者組にその系譜を有する。若者組はおおむね小学校卒業後から数えで四二歳になるまでの青年期や壮年期の男性が所属した。かつては加入に強制力があったが、今日では任意加入のところが多く、会を退会したのちも先輩や師匠として能舞の指導にあたっている。また、若者組は能舞の伝承を主として活動をしてきたが、同時に「村の諸活動を支える中核組織」であり「実働組織」として位置づけられてきた（東通村史編集委員会編 1997）。

東通村では、能舞は正月の祈祷や祭礼、新築祝など人びとの暮らしの中で披露されてきた。能舞は各集落や伝承組織ごとに型や風習の差異があるが、おおむね若者たちは一二月に「内習い」と呼ばれる稽古を受ける風習や「春祈祷」という旧正月から一、二カ月をかけて行われる巡業や「つきあい獅子舞」という不定期に行われる巡業で東通村内や下北半島を回り、芸の交流や資金調達をしていた。とくに「内習い」の稽古は厳しく、芸の習得に限らず集落の「掟」を体得することを通して青年たちが「一人前」になるための重要な役割を担ってきた（森 1973）。

白糠では他の集落から伝承され明治期以降に能舞が取り組まれはじめたという説があり、他の集落と同様に若者組に系譜をもつ若者連中、そしてこれを受け継いだ青年会で伝承されてきた。青年会の解散後、一九一六～七（大正五～六）年に別組織として「白糠勇清倶楽会《しらぬかゆうせいぐらくかい》」（以下、倶楽会）」が発足した(2)（東通村教育委員会1985）。白糠の能舞は川大明神の信仰と深く結びつき、熊野の獅子頭そのものを熊野権現の御神体とし、堂社はないが内神様としてどの家でも川大明神が祀られてきた。今日でも権現様を扱う（能面をつけて舞う）際には肉（四つ足と鳥）を食べず(3)、正月は二〇日まで精進料理を食べる習慣が続けられてきているなど、倶楽会には信仰心が篤く、芸能好きな者が集まることから「川大明神の信仰組織的な側面を持つ」（東通村史編集委員会編 1997）ともいわれる。

だが、能舞はたびたび担い手の維持に悩まされてきた。かつて倶楽会の会長をつとめた西山秀五郎《にしやまひでごろう》は、白身が入会した一九四〇年頃、白糠の主な生業でもあった漁業が不振となり、倶楽会の中心人物の数名が出稼ぎに出てしまいほとんど能舞の練習ができなかったことを回想している（東通村史編集委員会編 1997）。また、東通村では主軸だったイカの不漁が続き、中学を卒業したばかりの若者の多くが出稼ぎにいくなど、一九六〇年代から出稼ぎの割合が高くなっていた。東通村の人口は一九六〇年の一万二四四九人を最大数とし、以降減少傾向にあるのだが、先述した東通村郷土芸能保存連合会の結成（一九六四）も、押し寄せる近代化の波による青年層の流失に対してなされた策であった。人口数の多い集落である白糠でも、出稼ぎによる能舞の担い手不足が課題となり、一九七六年頃白糠子ども会（以下、子ども会）をとおして能舞の伝承を行おうと話し合いがもたれていくことになる。

白糠子ども会における能舞伝承——奔走した東田惣一

一九七一年から東通村白糠子ども会設立準備委員として子ども会の活動に携わってきた東田惣一《ひがしだそういち》によれば、能舞の後継者の育成が課題となり、一九八〇年から子ども会で能舞指導をおこなうようになったという。

子ども会での取り組みのきっかけは、東田がある年の一月二日に開かれる幕開き（舞台を清める神事）のため、倶楽会所有の集会所を訪ねたところ、人がまばらで閑散とした状況に「本当にがっかりした」思いを抱いた経験にある。祖父や叔父といった家族・親類が能舞に取り組んできただけでなく、東田自身も幼い頃から能舞の練習がおこなわれる集会所を遊び場としてきたというように、暮らしの中に能舞がある世界で育ってきた。だが、目の前に広がっていたのは、白糠の能舞伝承の危機的な状況であった。

東田は、能舞を伝承するのは「人」であるから、担い手が育たなければ能舞は消えてしまうという強い危機感を抱きつつ、即時的な効果を求めるのではなく将来を見据えた長期的な視野で担い手を育てることが重要であるという、担い手育成に向けた明確な信念があった。子どもたちへの伝承の必要性について子ども会や倶楽会に根気強くかけあい実現させ、子ども会での能舞の伝承の場に少しずつ子どもたちが集まっていくことになった。従来、能舞の担い手は青年期や壮年期の男性に限定されていたが、子ども会での伝承を通じて女児を含む子どもたちが能舞の伝承に携わることができるようになった。その背景には当時白糠小学校に赴任していた伊勢田《いせだ》烝治《じょうじ》校長が白糠の出身者でもあり、能舞の取り組みを応援してくれたという学校側からの理解も大きかったという。

東田は、子どもたちに能舞を伝承するにあたり、子ども会としては目的があったと三点をあげる。一つ目は、地域の中で子どもと高齢者といった世代を超えた交流の場になるということであり、二つ目は、能舞をとおして子どもたち同士が連帯感を生み出すことにつながるということ、三つ目として能舞を披露することをとおして拍手を受けるなど「家族にしても本人にしても嬉しいこと」になるという狙いであった。東田は子どもや保護者がやりがいを得ることだけではなく、能舞をとおした子どもたち同士の関係性の構築や地域の人びとの交流を通した地域全体の連帯を取り戻そうとしていた。

本章では白糠における能舞伝承の概要の説明にとどまるのだが、白糠における能舞の伝承は、伝統芸能の伝承にとどまらず、地域で人が育ち・人を育てる機能の継承であることを意味していた。すなわち白糠において能舞伝承が揺らぐことは、白糠という地域での暮らしの存続にかかわる事態であり、能舞の担い手たちは能舞をとおして人が育つ・人を育てる機能を試行錯誤の中で維持させながら、白糠での暮らしをつくり続けてきたのである。

二　花部雅之と能舞

能舞との出会い

一九七六年に東通村白糠に生をうけた花部雅之は、一九八三年に東通村立白糠幼稚園卒園後、東通村立白糠小学校へと入学し、一九八六年の小学三年生の時に子ども会に加入する。八歳頃に子ども会での能舞伝承の活動をとおして能舞の世界へと足を踏み入れた花部は、子ども会での能舞の取り組みを経て倶楽会に所属し、現在も能を舞いながら、子ども会での指導も担ってきた。

花部の父は能舞に携わっていなかったのだが、なぜ自身は能舞に取り組もうとしたのか。花部が語る理由は明快だ。「集会所行けば勉強しなくてもいいしなって」、「まず最初はそこ」。白糠小学校に通学していた花部は、家に帰ってランドセルを玄関に投げすて、そのまま能舞の練習に向かうような生活を送っていた。幼少期の花部にとって、地域の伝統芸能である能舞に取り組むことは、家で宿題などの勉強をすることを回避する術であったのだが、いつしか能舞の世界に惹かれていくことになる。子ども会での能舞の練習は夜遅くまで及ぶこともあったが、練習後に集会所の下で子どもたちだけで遊び、帰宅後お風呂に入ってすぐ寝るような子ども時代を過ごした。

進路選択――日本原燃への就職希望と〝長男〟との狭間

白糠小学校を卒業した花部は、東通村立南部中学校へと進学し、一九九二年に青森県立むつ工業高校に入学する。当時も今も東通村には高等学校が設置されていないため、東通村の子どもたちは村が用意したスクールバスに乗って村外の各校へと通学している。

むつ工業高校の電気科に進学した花部は、「給料いいかなって。本当に大体、そういう単純明快な感じです。何をやりたいとかじゃなくて」とその選択の理由を語る。父が季節労働者であり、「常に家にいないし、そういう生活だったんで、普通の会社員になりたい」という思いが強かったそうだ。そのため、花部は卒業後には地元・白糠の南隣である上北郡六ヶ所村の日本原燃（株）への就職を考えていた。

花部が高校を卒業した一九九五年当時、六ヶ所村の日本原燃はすでにウラン濃縮工場と低レベル放射性廃棄物埋設センターの操業を開始しており、高レベル放射性廃棄物貯蔵管理センターの操業も予定（一九九五年四月）していた。花部は幼い頃から「原発って悪いもんじゃないと思ってますから。だから原燃に行きたいっていうふうに考えてもあるし、電力で雇用の場所として最高の場所だなっていうふうに考えてますし」と良い就職先として認識していると語る。また、当時日本社会はバブル崩壊による景気後退の時期であり、若者たちには就職氷河期と呼ばれる雇用状況が大変厳しい時期でもあった。まさにこの就職難の時期に就職を控えていた花部は「雇用がある、そっちのほうを選ぶっていう考えで、怖いっていうふうな考えではなかったですね」と語っている。白糠の原発建設地が「本当の森だった」状態から、父も従事した原発建設のプロセスを間近に見て育ってきた花部は、白糠や東通村にとって原発や核関連施設が雇用の供給先としての役割を果たしていると感じている。

花部によれば、当時むつ工業高校では学業成績の順番で卒業後の進路希望を出せるようになっていたという。能舞を継続しながら部活動や勉強にも熱心に取り組んでいた花部は日本原燃への就職希望を出せる枠内に入っていた。だが、「長男は家に」という両親の意向から東通村内での就職へと変更することになる。地元就職への道に進むことになった花部は、高校卒業後の一九九五年から現在まで東通消防署に勤務している。

「人」がつなぐ能舞

二〇二二年から花部は東田の後任として子ども会の会長をつとめているが、高校生の頃から実に三〇年以上に渡り子ども会での能舞の指導役を担ってきた(4)。東通村の能舞は同じ演目であっても集落によって型が異なり、他集落出身の親が子に伝えきれないと言われるほど独自性が高いことが特徴でもある。映像として能舞が記録されることはあるが、伝承の際にはほとんど用いられず口伝や模倣が主である。

花部は、能舞は受け継ぐ人の体型や性格、解釈などその「人」によって変容していくものであり、型の崩れがあったとしても「それはそれでいいかなと思って直してはいねーんですよ。そうやって変わっていく」

ものとして捉えていると語る。だからこそ、「時代にあったテンポで舞を踊っていくのも必要」だという。

変わって、その人の踊り方になってくし、その人がその違うことを教えていって、その人の踊り方になっていって。最初の手がねぐ［なく］なるんじゃないかと思って。最初の手と新しい手があって、これはこれで面白いのかなと思って。

子どもたちに能舞の指導にあたる際、その子の体型や性格など「全体をオーラっていう感じで」捉えながら、「この手の動きだったらあっちのほうがいいのかなっていうような感じで」動きを見ていき、演目や役割の「どこに合うか」を判断しているという。

その子どもに合った演目や役割を「見抜く」ためには何が必要なのか。花部は「だからもう子どもも小さい頃から知ってないとやっぱり駄目なんですよね」と子どもたちとの日々の関わり合いの重要さを語る。そうして決めた踊りを一度踊らせみて、「手から足から腰の運び方、動かし方」を見る。「いや、これ違ったな」と感じる時にはまた別の演目を担当させることもあるという。

このような習得の仕方は、花部自身も幼少期に師匠たちによって施されてきたものだった。花部の能舞の師匠の一人であった西山秀五郎は、花部に手踊りを中心に練習をさせたという。花部はその理由を西山に直接尋ねたことはないというが、自身の祖母が手踊りをしていたことを理由としてあげながらも、西山から「これが手踊りの手だっていうふうに」言われたといい、続けて「こう曲がるんですよね」と私の目の前で手の指先から手首までを湾曲させて見せた。花部の手は指先から手首にかけて綺麗な曲線を見事に描き出していた。私もその場で同じように手を湾曲させてみたものの、花部のようなしなやかに曲がる線は描けなかった。花部は、西山が自身の手の特徴をみて手踊りをあてがったのではないかと推測していたが、それがすぐに納得できるほどの美しさであった。

また、能舞は本来師匠などのお手本となる実際の動きを真似し、自分の動きとしてとりこんでいく。スマートフォンなどで手軽に映像を撮ったり見たりできる環境で育つ現代の子どもたちは、能舞の映像を見ながら練習していることもあるそうだ。何かの確認のためなのか、子どもたちが映像を見ることが何を意図した行為なのかはわからないとしながらも、映像を見ながら練習しようとする子どもたちに花部は「生のこの感覚を覚えてって。スピード感って映像と違うから」と伝えている。

太鼓と合わせてくっていうんだけど、合わせ方も、一から一〇をこれで行くか、一から一〇の間でこうゆっくり行ってここで速くするか。このテンポは一緒だけど、これをっていうのをちゃんと生で見て、その人の踊り方はちゃんと見て覚えてって。スピード感を覚えてって。ただ順番で淡々と淡々とやってるんじゃなくてって。

花部自身も、本来は女性の中で伝承されていく手踊りの舞手の踊りを映像に収めたことがある。それは、その方が白糠で最後の手踊りの舞い手であり、今後手踊りができる者がいなくなってしまうことが明らかであったという理由からだ。だが、教える時には映像は使わず自らが踊ることをとおしてその指導にあたる。映像では表現しきれない能舞の世界は「目で見て目で集中してこれを習得」することが大事なのだという。

以上、花部の能舞とのかかわりの歩みを概観してきたが、花部の育ちの過程にあらわれるように、人が育つ・人を育てる場としての白糠という地域の特性は、その域内に原発や核関連施設が含まれていることでもある。花部にとっては自身がこの世に生を受けた時からすでに白糠や隣村の六ヶ所村に原発の計画や核関連施設が存在していたり、育ちの過程で原発が建設されていったりするという、すでに「原発がある」風景の中で育ってきた。花部は白糠という「原子力と能舞のある風景」が混ざり合う日常を生きてきたのである。

一方「能舞のある風景」の中で、花部は子ども会での能舞伝承にも熱心に取り組んできた。変わりゆく時代の中でも、能舞の伝承の本質は人がつなぐものであるということは変わらない。その人に合わせて変化しながら受け継がれていくのが能舞なのだ。だからこそ日常的なかかわりが不可欠なのだが、次にみるように東通村の大規模な教育改革によって子どもたちとの関わり方に大きな変化が生じることになった。

四　能を舞うこと、白糠で暮らすこと

学校の統廃合による能舞の伝承のゆらぎ

白糠に限らず東通村では地域と学校が密な関係にあり、能舞の伝承は学校との関係を築きながらおこなわれてきた。東田によればかつては子ども会会長の机が白糠小学校の職員室にあったり、地域活動の時に学校のコピー機を使用したりと、「昔は殆どが学校中心に単位して、動きがとれてた」という。

また、かつて東通村の各集落が行なっていた「つきあい獅子舞」では、芸の修練や他集落との交流を目的とするだけではなく、その興行の収益で神社や学校・公共施設の建築営繕費用をまかなっていた(5)。白糠を学区とする白糠小学校や南部中学校などへの出資は定かではないが、倶楽会の集会所は「つきあい獅子舞」によって建設されている（東通村史編集委員会編 1997）。さらに、花部は祖父から聞いた話として白糠の自治組織である白糠部落会から白糠小学校と南部中学校にお金を出し、備品を購入するなど「地区と共同で学校を

作ってきた」という。一九九五年以降、白糠地区会から「キャンプ用テント五張り」や「歩くスキー二四台」などさまざまな寄贈がなされている（白糠小学校閉校記念事業実行委員会編 2008）。また、東通原発建設に携わる鹿島建設（株）や東通原発ＰＲ施設・トントゥビレッジ（一九九九〜）からも「大型プロジェクター」や「児童図書」が寄贈されており、白糠という地域の核開発と教育との結びつきもうかがい知ることができる。

花部は二〇〇〇年代前半に、自身の小学校時代の恩師であった沢田要一が白糠小学校に校長として赴任していたため、学芸会で能舞に取り組むことを提案し実現させたこともあった。当時、子ども会で能舞に取り組む子どもが減っていたことから、子どもたちの指導役として花部が学校に行き、五・六年生の子どもたちに手踊りを指導した。その結果、その年の正月には子ども会での能舞の取り組みを希望する子どもが殺到したこともあったという。

しかしながら、東通村では第八章で描かれるように二〇〇五年以降、総合教育プラン「教育環境デザインひがしどおり21」に基づく東通学園（東通小学校・東通中学）が誕生という大規模な学校統廃合がなされた。この東通学園の設立・運営には原発立地地域に付与される多額の電源三法交付金が用いられているのだが、白糠の子どもが通っていた白糠幼稚園、白糠小学校、南部中学校は全て閉園・閉校となった。廃校後は、それぞれ東通村乳幼児センター（こども園ひがしどおり）、東通小学校、東通中学校へと編入することになり、白糠から花部の母校である教育施設も消えてしまった。

白糠小学校をはじめいくつかの小学校は、計画の当初は統廃合の対象外だったが、計画が変更され統廃合の対象校となった。花部をはじめとする保護者たちとＰＴＡは統廃合への反対の意を示すものの、「統合はもう最初から（行政が）決めている話」で行政の決定を覆すことはできなかった。

この大規模な東通村の教育改革による学校再編は、子ども会での能舞の伝承にさまざまな影響を与えていた。各集落の子どもたちは送迎バスでの通学に変更となったが、白糠は東通学園から一番距離が遠いために、帰宅時間が変わり練習時間を変更せざるを得なくなったり、登下校時の子どもたちと地域の人びととの日常的な何気ない関わりが薄れ、連絡手段を変更せざるを得なくなったりした。また、子ども会の連合会がおこなっていた能舞の発表会は、かつては各集落の学校の体育館を使用した持ち回り制にしていたが、統廃合後は東通学園の体育館での開催となった。この開催場所の変更によって、発表会の参加者層が子どもの保護者（主に母親）中心になり、お年寄りをはじめ集落の人が参加しにくくなった。東田は「車で行ってな、発表って発表して帰って終わるだけ」と、発表会という場を介してもたらされていた地域間や世代間の交流の機会も薄れつつあると指摘していた。

こうした学校再編は子どもたちの生活にも変化をもたらした。学力向上を目指す東通学園の教育方針の余波として宿題の量が増え、能舞の練習後にも宿題をしなければならなくなった。花部は学ぶことは重要ではあるものの、子どもたちが宿題に追われるような生活になっており、以前に比べて地域の中で子ども同士や大人たちと自由に遊んだり交流したりする機会が減っていることを指摘していた。

さらに、花部は「文化に携わって、文化をどうのこうのしようと考えてる先生のほうが少ない」と教師たちが地域の文化に関心を示しにくくなっている現状も語る。地域に学校があった頃には教員住宅の存在も大きく、白糠小学校の教師と地域の人たちとの日常的なかかわりがあっただけでなく、集会所などでの能舞の発表会を教師たちが見に来ることもあったそうだ。だが、地域から教育施設が失われることで、教師と地域の文化の日常的な交錯空間の喪失にも繋がってしまっている。

この学校再編の根底にあるのは、人口減少という東通村をはじめ日本の各地が抱える困難を極める課題である。実際、白糠でも子どもが減っているため、七月にひらかれる祭礼では東北電力の従業員の方に協力をしてもらい祭りの山車をひくことができたそうだ。花部は「祭りは特に子どもがいないと運営できない」と言うが、東通村の中でも人口数の多い白糠でも二〇一五年以降一〇〇〇人を切っている。東通村は人口減少と少子高齢化する地域の中で「住民の生活機能の充実」をするため「人や企業に選ばれる都市空間形成の方向性」としての「村中心の配置計画」をもとに、役場や交流センター、体育館などの公共施設と東通学園校を拠点エリア（砂小又《すなごまた》）に整備・配置してきた（青森県東通村 2020）。

行政的な考えでいけばコンパクトな村で、行政があって、学校があって、病院があって、これはすごい全国的にもいいようにイメージはあるんですけど、でもそこだけであって。そこの周りの地区の人たちっていうのは、もう何の意味もないんだって。逆にうちらは弊害を被ってるなっていう感じですね。

村の最南端に位置する白糠から村の中心部の砂子又まで車で二〇～三〇分ほど要する。村が目指すコンパクト・ヴィレッジ政策によって集落から教育施設だけでなくさまざまな生活に関わる主要機能が地理的な中心地に移管していったことで、村政と実際の生活とのズレを花部は感じ取っている。

また、東通村の人口の減少幅の縮小と原発や公共施設の建設産業は関連しており、村としても人口減を食い止めるため、福島原発事故以降運転停止をしている一号機の運転再開や、他三基の建設の進展を悲願としている（青森県東通村 2020）。当然のことながら、白糠の能舞の担い手にも電力会社の関係職に就く者が多くおり、地域の伝統芸能の維持の仕組みの中にも、原発という核開発による雇用の影響の大きさを感じる。

だが、花部は「田舎の心臓は学校」であり、各集落に学校がなくなっているこの状況下で、今後定住のために移住する人たちがどれだけいるのか疑念を抱いている。

だからその当時（統廃合の計画が浮上していた時）も言ったんですよ。地元に学校がないと、要は自分の出身校がない、母校がない所に子どもをまず入れるわけにもいかないっていうか、そこに来ても意味ないと。だから、村さ戻ってくるっていう人のほうが少ないんじゃない。

東通村はＵＪＩターンの推進も人口減対策として挙げているものの、花部は親世代の「母校」が無くなることは地元に戻る理由の喪失を意味することや、賃貸が少ない村の居住環境からも、人が戻ってきたとしてもむつ市など近隣地域に居を構えるのではないかと考えている。

郷土芸能を続けて下さいと、頑張ってくださいと言われてもこういう状態では。頑張って下さいっていう行政が、それをやれないような状態を作っている。

結局は最終的には行政ですよね。行政がどういうふうにしてその辺を進めていくかっていうのが、その村の一つの、生きるか死ぬかになるんじゃないですかね。

白糠では、人口減という課題を抱え続ける状況下でも、能舞の担い手たちをはじめ地域の人びとと教師たちが協力し合いながら能舞を次世代につなぎ続けようとしてきた。だが、学校の統廃合によってその状況は再び困難に直面している。花部の語りからは、地域と学校との密な関わり合いの中での積み重ねが、村政の意向によってふいにされてしまうやるせなさと、自分たちの行く末は村政の決定次第なのだという、暮らしの主体であるのに主体になりきれないもどかしさを感じとることができる。

人をつなぎ、暮らしをつなぐ

二〇一九年一二月以降、世界は新型コロナウィルスによるパンデミックに陥った。当然、白糠でも日常生活が制限される日々が続き、子ども会も倶楽会でも能舞の活動が二年間止まってしまっていた。能舞の活動の拠点である倶楽会所有の集会所への立ち入りも制限され、花部自身も「コロナのときに二年間、何していいか分かんないし」、「本当に家から出なかった」と能舞と離れた暮らしが続いた。

二年間（能舞を）やんなくて、本当に集会所に行ってなかったんですよ。で、能舞っていうのもまず頭から脱けてらったの。いざやろうとなったときに、面倒くせえよなって。よくこの面倒くせえのやってらったなっていうふうな感じだったっすね。ここ一年でようやく戻してきたかなって。今までのルーティンの流れに戻してきたかなっていう。

能舞再開から少しずつその日々を取り戻し、二〇二四年二月にお話を伺った際に「ようやく今、満充電になったかなっていう感じで。この満充電になるのにやっぱり一年かかりますね」と語っていた。

今はもうほとんど（能舞を）やんなくてもいい時代じゃないですか。何でも世の中にあるし。恐らく戦争当時もいったん止まったと思うんですよね、こういうのって。でもその戦争終わってからこれをまた始めたってなるってことは、当時はそういう娯楽がなくて、テレビもない何もない。こういう演劇を見るっていうのが一番楽しみだっていうのも聞いたったんで。そういうのはあったから、じゃあやろうかって集まってやった。（中略）

でも今って何でもあるから、これをみんな集めてもう一回、一からやんのかってなったときに、本当に難しかったですよね。本当にようやくみんな今、一つにだんだんなってきたかなっていう。みんなが満充電になってきたんじゃないかなっていう。

〝面倒〟だと言う花部に〝面倒〟なことをなぜやるのですか、と真意を尋ねた私の質問に対し、花部は「でもやんないとなくなるし」とつぶやいた。「とりあえずやるべやるべっていう感じで、みんなも同じ考えで。面倒くせえよなーって感じ」。そう語る花部の〝面倒くさい〟という表現には、確かに一度止まってしまった地域の伝統芸能の再始動という大仕事によって腰が重くなるような大変さが込められているのだろう。たとえ娯楽であったとしても、選択肢が溢れているこの時代の能舞再開は、一筋縄ではいかないし、途方も無い労力が必要だ。だが、花部の語る〝面倒くさい〟という表現には、そういった大変さの感情だけが込められたものではないように思える。むしろ〝面倒くさい〟という感情を能舞に取り組む人びとが皆で共有し合うことによって、それぞれの能舞に対する思いが再びつなぎ合わせられながら「能舞のある風景」を少しずつ取り戻していこうとしていったのではないだろうか。

だからこそ、花部は能舞の伝承は能舞の「型」の伝承だけを目的とするのではなく、子どもたちには能舞の「型」の習得という営みをとおした〝地域の人びとがつくりだす日常の雰囲気〟を感じ取って欲しいと語る。

雰囲気じゃないですか、日常の。（中略）お祭りで神社に行ったり、集会場で談話してるときの、そういうときの雰囲気とか、いざ、バカ話して（いるようなことを）はんかくせー（という）言葉（で）、言ってるんですけど、いざぽっとやったときに、すぱってやるっていう雰囲気もあるし、そういうのを見てほしいなって。

新型コロナウィルスによる能舞の活動制限期という新たな困難に直面した花部たちにとって、その再開に至る判断のプロセスには、自分たちの暮らしにとっての能舞の意味に触れる瞬間があった。「やらないとなくなる」のが能舞であり、再開の選択を選ばなければ「能舞のない風景」をつくり出すこともできてしまう。だが、花部たちは再び「能舞のある風景」を選んだ。そこには、伝統芸能の伝承への責任感だけではなく、能舞がつくりだしている白糠の暮らしをつないでいきたいという思いと決意を感じとることができる。

五　おわりに——暮らしの主体であり続けようとする踏ん張り

白糠の人びとは、原発建設計画をめぐる一九七〇年代の「白糠地区海を守る会」の活動をはじめ、二〇〇〇年代の東通学園の創設という多額の電源三法交付金を用いた大規模な学校統廃合の際にも、自分たちの暮らしは自分たちで考えて決めると声をあげてきた。だが、それらの声は「すでに決定している」という行政や国など多様な「原子力のある風景」を構成する主体が発する声の中に埋もれていくことになった。「原子力のある風景」では、さまざまな政策や計画が国や自治体、あるいは国際的な政治の場を通じて決定が下され、人びとが暮らしの主体であろうとすることは困難を伴う。

花部もまた能舞の伝承を担う中で、結局、暮らしの行末は行政が決めているのであって、自分たちは暮らしの主体ではないのだと感じ、村政に対してやや悲観的な感情を吐露する場面もあった。だが、花部は、もうここら辺でやめてしまおう、もう終わりにしようとはせず、今も「能舞のある風景」を次世代につなぎ続けようとしている。

花部が能舞を簡単には手放さないのは、花部や白糠の人びとにとって、能舞が白糠の暮らしをつくり続けてきたのであり、能舞を次世代につなぎ続けることは、白糠という地域で暮らしの主体であり続けようとすることを意味しているからである。

能舞の中断から再開の過程で花部が抱いた「面倒くせえ」という感情は、まさにその暮らしの主体であり続けようとするもがきの、その渦中に身を置いているからこそ発せられる、自身を鼓舞する言葉としても理解することができる。白糠に生まれ育った花部にとって、望むと望まざるとを問わず核開発という巨大な権力の渦の中を生きてきた。核開発地域である白糠で花部が能舞を次世代につなぎ続けることは、たとえそれが大変な労力を要したとしても、白糠で暮らしの主体であり続けようとする、その踏ん張りの現れなのである。

〔注〕

（1）本稿で用いた花部雅之と東田惣一の語りは、主に次の三回のインタビュー（二〇一四年一一月三日、二〇一九年一〇月二八日、二〇二四年二月二日）を元にしながら、一部花部からの書簡も元にしている。引用中の括弧内の補足は全て筆者によるものである。

（2）発足年に関しては大正五年とする伝承と大正六年とする伝承があり、「錯綜した歴史が感じられる」と言及されている（東通村史編集委員会編 1997）。一九九六年の時点で会員数は一七〇名いたが、現在は二〇名程で活動している。

（3）花部によれば、この風習は熊野神社の主祭神である家津美御子大神《ケツミミコノオオカミ》／素戔嗚尊《スサノオノミコト》のお仕えであった八咫烏《ヤタガラス》を尊ぶ信仰に関係している。四つ足の肉を食べない習慣は、白糠だけではなく熊野様を祀る地域全般に見られる。

（4）白糠では子ども会への所属は中学三年生までとなっている。倶楽会の会則で会員は一六歳以上となっているため、中学校卒業に相当する歳の子どもたちは、子ども会での活動を終えた後、倶楽会に所属しながら能舞を続け、子ども会での指導役も担っていく。花部は高校生相当の年代の子どもたちの能舞への継続的な関与が要であると語っていた。

（5）白糠でも今日ではほとんど実施されないが、一月に開催される東通村郷土芸能保存連合会発表会の場において交流が行われている。

〔文献〕

青森県東通村（2020）「第2期東通村まち・ひと・しごと創生総合戦略（令和二年度～令和六年度）」青森県東通村経営企画課。

白糠小学校閉校記念事業実行委員会編（2008）『物見崎——東通村立白糠小学校閉校記念誌』。

東通村史編集委員会編（1997）『東通村史　民俗・民俗芸能編』東通村。

東通村教育委員会（1985）『青森県下北郡東通村民俗調査報告書（第五集）——東通村砂小又・上田代・老部・白糠』東通村教育委員会。

森勇（1973）『下北能舞ものがたり』下北観光協議会。

結城登美雄（2011）「解説　原子力と薪のある風景」宮本常一『私の日本地図』第三巻、未來社、二八四～二九九頁。

山本武彦（2016）「下北『核』半島と核燃料基地——原子力のガバナンスを巡る多層構造から見る」鎌田慧・伊藤奈々恵・山本武彦・藤本一美・斎藤雄志編『下北「核」半島のいま』志學社、四四～六八頁。

第一〇章 「原発〝も〟あるんだよ」から「廃炉でもいいんじゃね?・」へ

──変わらずに変わっていく

川尻剛士

＊氣仙修（きせん・おさむ）氏

一九六一年、青森県下北郡東通村野牛入口生まれ。東通村立入口小学校および入口中学校、青森県立田名部高等学校を卒業後、富士フィルム株式会社（仙台市）に入職。一九九二年に退職し、東通村にUターン、同年に有限会社コスモクリエイトを起業する。東通村をこよなく愛する地元の写真屋、イベントデザイナー、地域づくりのかなめ。東通★東風塾副塾長、東通村観光協会会長、東通学園特別非常勤講師、青森県総合計画審議会教育・人づくり部会委員、東通村商工会副会長等を歴任。モットーは「仕事は遊び」。

一　次世代形成への関心と原発問題をめぐる賛否——その単純化されたストーリー

全国各地の原子力関連施設を抱え込む、あるいは抱え込む可能性のある、すなわち核開発地域をめぐっては、以下のような、いわば「上の句」は同じでも付随する「下の句」では大きく正反対のほうへと引き裂かれてゆく二分された声が、様々なメディアを通じて、それもしばしば力強く聞こえてくる。

「次世代へとこの村を責任をもって手渡すために、原発はいらない！」
「次世代へとこの村を責任をもって手渡すために、原発建設／再稼働は不可欠である！」

注目すべきは、多くの場合において、地域の存続を願うなどの次世代形成にかかわる関心の表明との一息で、原発問題をめぐる様々な事柄の賛否が表明されてきたことだ。それは、原子力関連施設を引き受けるか否かが——また、引き受けたとしてもそれが滞りなく稼働するか否かが——当該地域の将来構想のありようにそのまま直結するからであり、それゆえにこそ、両者の主張はときに鋭くぶつかり合い、苛烈をきわめてきた。このことは、一九六〇年代後半以降のむつ小川原開発から今日に至るまでの下北半島の場合にも同様であり、断続的に生じてきた。

しかし、何度でも確認しておきたいことだが、耳に届きやすい声がそのまま現地を生きる人びとの声の全てなのではない。とりわけ筆者のように下北半島の外側にいてそれでもなお耳に届く声は、冒頭で例示した声のように、たいてい単純化したストーリーと化している。そして、そこではこのストーリーを支える一人ひとりの声の詳細《ディテイール》は捨象されるか、矮小化されることも少なくない。他方で、そもそも単純化されたストーリーの俎上に載らない声については、あらかじめこの世に存在しないものとして情報の受け手を錯覚させる。

こうして自らの日常をつつがなく生きることだけでも忙しない私たちは、ごく当たり前に存在するはずの現地の多声性を簡単に忘れてしまう。何よりも筆者自身が、下北半島に通うたびに現地の多声性とそれぞれの声の奥行きの深さに圧倒されてきた。下北半島と原子力をめぐる単純化されたストーリーにばかり馴染んできた私には、にわかに捉えがたい声にも数多く出会ってきた。その声のひとりの持ち主が本章の主人公で、東通村を愛してやまない氣仙修（一九六一年生まれ）である。

二　次世代形成への関心と原発問題をめぐる賛否の〈あわい〉を読み解く

氣仙と筆者との出会いは、二〇一六年のこと。この頃、一方の日本社会では三・一一から継続する反原発運動の声が響いており、他方の東通村では東通原発の再稼働と建設再開を求める声が次第に大きくなっていた。そんな折、当時はまだ大学生だった私を氣仙は自宅で文字どおり歓待し、ご家族三世代でこの村の来歴を語ってくださった。特に「『東通村史』は全部読んでいるんだよ」などと言いながら、いきいきと物語る氣仙の姿は、この村の生き字引そのものであった。だが、私はその語りの「空白」に意識を集中せざるを得なかった。氣仙の語りには「核半島」としてのこの村の来歴が全く登場しないのだ。そのことを私は聞き返せぬまま、氣仙はその夜、宿泊まで快く許した。

翌朝になって氣仙の妻から『東奥日報』の朝刊を勧められ、私は頁を繰りつつ、昨晩の「空白」について氣仙に尋ねるためのきっかけを探した。「原発早期再稼働　県に協力を要望　下北の商工団体」（東奥日報

2016）という記事を見つけた私は、タイミングを見計らって、「この記事についてどう思いますか」と氣仙に尋ねたのだった。すると氣仙は、昨晩とはやや異なる慎重な面持ちで語り出し、そのときの結論として「原発もあって観光もあればＷｉｎ‐Ｗｉｎじゃん」と私に伝えた。

この発言には、地元の写真屋である氣仙が、あるときから自らのしごとの全体を地域づくりを中軸に再編した——その過程では東通村観光協会会長をも務めた——自身の経歴も関わっており、「原発も観光もうまくいけば、村にとってこれ以上のことはない」ことが含意されている。そして、このときの氣仙は、確かに東通原発の一刻も早い再稼働と建設再開を期待するひとりだった。だが、他方では「原発に依存しない」村のありかたを真剣に考え、様々な実践をスタートさせていた。氣仙が「観光」に力を入れてきたのは、そのためでもあった。

氣仙の語りはいつも決まって明快だ。しかし、氣仙がこのとき原発をめぐって最終的に提示した結論こそ明快だったが、結論に至る過程が筆者にはすぐに理解できなかった。そしてその時点では聞き返せなかったいくつもの問いが次第に去来した。「原発と観光」は両立可能なのだろうか。「原発」は前提として受け止めているのだろうか。そうだとして「原発に依存しない」とは氣仙にとって何を意味しているのだろうか——。

氣仙の語りは、次世代へとこの村の存続を願いつつも、原発問題をめぐる賛否の二元論や単純化されたストーリーには簡単に収斂しない。しかし、氣仙のこの「わからなさ」はひるがえって二元論の狭間に両者の〈あわい〉が存在することを教えてくれる。いつしか筆者はこうした「わからなさ」と向き合い、二元論の〈あわい〉を生きる人びとの機微を描き出すことが、原発問題を語り合う私たちの語彙を豊かにし、立場や主張を超えた対話の可能性を広げるのではないかと考えるようになった。何よりも筆者自身が、氣仙と対話する中でそうした実感を得てきた。

そこで本章では、氣仙のライフヒストリーに織り込まれた、〈原発〉とともに生きるということの一つのリアリティについて、筆者なりの読み解きを提示する。またこうして氣仙の語りに対する私の側の受け止めを開示することで、今後も氣仙と対話を継続していくための書簡、あるいは覚書としたい(1)。

三　〈原発〉のある日常へのプロローグ

東通村の入口《いりぐち》地区に生まれ育ち、写真が好きだった氣仙は、進学した田名部《たなぶ》高校では写真部に所属し、卒業後は一一年間にわたって仙台の富士フィルムで働いた。そんな氣仙が故郷に戻ることを決意したのは、三〇歳のとき（一九九二年）。次のような理由からだった。

氣仙：戻ろうと思ったのは、富士フィルムがデジタルに切り替えをしなかったのがもどかしすぎて。で、［……］そこで社長に直談判して、「おめぇたち、なんでデジタルに切り替わんねぇの？」って。その当時は、写ルンです全盛期よ。フィルム、これがあるからデジタルはやらなくていいって言われたんだよ。で、かたやSONYとかパナソニックとかは、ばんばんデジタルを出してきたわけ。もう立ち遅れちゃってカメラの部分で。で、逆転されたんですよ。［……］でもデジタルには切り替わらなかったので、あ、この会社はもう将来ないなと思って辞めたの。

仙台に出てきた当初から「長男だし、親の面倒は見なきゃならない」と考えていた氣仙は、将来的には東通村に「一〇〇パーセント戻るつもりだった」。そこで氣仙は、この機会を「いい転換期かな」ととらえて

「脱サラ」し、故郷の東通村へとUターンする。

そして氣仙は、これまでの仕事を活かして、同年に「コスモクリエイト」（以下：コスモ）を起業する。現在でこそ、村の中心部（砂子又《すなごまた》）に店を構えているが、当初は異なっていた。

氣仙：最初、［東通原発に程近い］小田野沢に［店を］構えたんですけど、やっぱり利便性［が悪かった］。それは原発の仕事もあったから、近い方がいいんだろうなと思ったら違ったんすね。

氣仙のUターンは、東通原発の原子炉設置許可（一九九八年）が下り、着工される直前のことで、氣仙は「原発の仕事」にも多少なりとも期待を寄せていた。

氣仙が実際にコスモで最初に手がけた仕事は、この村の人びとの「遺影写真」であった。

氣仙：一番最初は遺影写真。みんな［……］写真持ってきて、ここを抜いてその人だけにして後ろを消さねばならないですよね。デジタル［になる］前は［……］人物の形に切ってエアブラシって［いうもので］吹き付けて後ろを消したんだよ。それがフォトショップ、イラストレーターになったら一発でできる。だから、一五分で遺影写真、作れますって。

デジタルに切り替えるという当時の氣仙の発想は、まさしく先見の明であったが、それゆえに「原発の仕事」も多く担った。たとえば、「人と自然の共生」をコンセプトとする、東通原発のPR施設トントゥビレッジ（一九九九年設立）に、氣仙は自らが撮影していた東通村の「山野草と野鳥の写真」を提供している。

氣仙：それはなんぼでもあったから。そういうのに、要はデジタルで写真の中に説明入れたり、そういうのはまず展示したから。わかりやすいじゃん、子どもたちにも。これはどこどこに行って撮影した、東通にこんな鳥もいるんだみたいな。そっからスタートしたんだよね、トントゥは。

こうして瞬く間に「氣仙さんはなんでもできるでしょ」となり、氣仙は東通原発の「概要パンフレット」や「広報誌」等も作成した。その他にも、長大な距離におよぶ建設予定地の地層を撮影して回り、それらの写真を「フォトショップ一発でバンッ」とつなげて、建設工程の冊子づくりにも貢献した。

東通村にUターンして以降の氣仙にとって、〈原発〉のある世界は他ならぬ日常であった。

四　「原発に依存しない」地域づくりへ

「仲間」との出会い、そして「原発に依存しない」という問題意識の芽生え

氣仙は、今でこそ東通村における地域づくりの中軸を担う存在だが、当初からそうだったわけではない。

氣仙：いや、そのときは私も食うにやっとだったから仕事の方だけで精一杯で、そんな［地域づくりのことを考える］余裕ない。余裕がなく過ごしていたときに、ふっとこう余裕ができたときがあったのよ。で、いや、地域貢献してぇし、なんか面白いことしてぇなぁみたいなところがあって。それが［コスモを起業して三、四年した頃に］たまたま商工会に入って、そしたら仲間たちがいて、青年部っていう括りの中で交流して、それでこんなことできんじゃね、あんなことできんじゃねになってきたんだよ。

それまで「写真関係の人ばっかりと付き合ってきた」氣仙にとって、商工会やその青年部に所属したことは「異業種の人と付き合う初めて」の経験で、「こんなに考え方が違うんだ」と「新鮮」だった。

　氣仙：毎日飲み会やって、毎日楽しい話して、夢、夢語るじゃないですか。それを現実化しようと思ったの、が［地域づくりに取り組みはじめた］きっかけだね。

こうして氣仙は、商工会青年部の活動を中心に「全国の原子力立地地点の有志たちを集めたイベント」にも出席するようになる[2]。そして、全国各地の現状と課題を見聞する中で、次第に「仲間」が増え、どこでも「悩んでいることは一緒」ということを知り、「自分の尺度」や「目線」も広がっていった。

　この交流の中で氣仙にとって特に印象深く映ったのは、「原子力マネー」を得ながらも、それに「依存」せずに「うまく回っている地域」の事例であった。

　氣仙：［原子力マネーに］依存しちゃダメなんですよ。依存っていうのと、なんていうのかな、活性化はイコールではない。お金があるから幸せではないと一緒です。自分の幸せってお金にないっていう価値観を私は持っているので。

氣仙によれば、「原子力マネー」で「強制的に動かされている」地域か否かは「歴然」と「わかる」という。氣仙はこうした経験の積み重ねの中で、また自らの「価値観」とも照合しつつ、「原子力マネー」を得ながらも「依存」しないという自らの問題意識とその具体像を次第に鮮明にしていった。

「原発に依存しない」地域づくりの展開

氣仙は商工会で出会った「仲間」たちをはじめとして、この意味での「原発に依存しない」地域づくりをともに実践していった。ここでは、いくつかの特徴ある取り組みに絞って紹介したい。

まずは、東京都北区との交流事業である。きっかけは著しい人口減少に直面する東通村で地域活性化の方途を模索する氣仙らに、資源エネルギー庁の委託を受けた日本立地センターが、原発を有する電気の生産地と東京などの大消費地との相互理解を企図した通称「縁結び事業」(「産消交流事業」)への応募(二〇〇三年)を提案し、採択されたことだった。この補助金は三年間の期限付きであったため、一時は事業継続が危ぶまれたが、氣仙らは「地域の活性化には都市との交流が是非とも必要」と考え、村政にかけ合って追加の助成金を獲得するとともに、都市部等で自らイベントを企画して得た収益で、現在まで二〇年以上もこの活動を継続している。活動資金の確保のために自家用車で東京へ赴くことも少なくなかった。

氣仙らが手応えを得てきた本事業は、東京都北区の浮間小学校で東通村の魅力をPRすることや、当地の子どもたちを村に招いてホームステイ体験(漁業や農業体験等を含む)を提供することが中心である。二〇〇七年以降は、東通村で浮間中学校の第一次産業を主とした職場体験も受け入れてきた。氣仙によれば、「卒業後に村を訪ねてくる子どもたちもいる」という。東通村が浮間の子どもたちの「第二のふるさと」となることを願って開始された本事業は、着実に成果を上げている。

続いて、廃校の利活用事業だ。これは、東通学園設立のために村内全ての小・中学校が統廃合される現実が近づく中で——実際に、二〇〇五年度には小学校一一校、二〇〇七年度には中学校二校が廃校となった(本書第八章参照)——、青年部に入りたての頃に氣仙が参加した先の「全国の原子力立地地点の有志たちを集めたイベント」で見聞した廃校利活用の事例から着想を得ている。そして、原子力発電所立地・計画地域のまちおこし活動を支援する、日本立地センターの資源エネルギー庁委託事業・通称「まち・夢・元気事業」（「地域活性化支援事業」）に応募し、氣仙はその支援を得て先進事例や村内の廃校の調査等を行い、二〇〇八年三月末には「東通村廃校利活用構想計画」を策定して村政に提案している。

最後に、若者との地域づくりの実践を紹介したい。かつての氣仙は、村内で自身よりも若い世代と関わる機会自体がほとんどなかったのだが、そこに弘前大学の学生で、地域づくりに関心を持つ小寺将太との「劇的な出会い」（二〇一三年）が訪れる。小寺との出会いは「若者を呼ぶにはどうしたらいいのか」を「ずっと考えていた」氣仙には「グッドタイミング」だった。そして「小寺の考え方と俺［氣仙］の考え方が合致」し、ともに活動を展開してきた(3)。その内容は多岐にわたるが、たとえば、両者の協同が基盤となって、地域活性化を軸に地元企業と学生が共に育つことを理念とする「共育型インターンシップ」をコスモで受け入れてきた。また、村内には高校がないのだが、東通村出身の高校生が村民とのつながりを維持しながら、様々に自己実現できる場を提供してきた。

五　「窮屈」こそが「この村」の「当たり前の社会」

東通村が「好きで好きでたまらなかった」氣仙は、このようにして「地域に貢献できるものを残していきたい」という自らの「気持ち」を具現化しうるあらゆる方法を模索してきた。しかしながら、その多くは「ことごとく行政によって潰されてきた」。ここでは、先の廃校利活用の事例の顛末《てんまつ》を中心に、その実態の一部を記しておこう。

筆者：資料を見る限り、廃校利活用の活動は二年間が中心ですが、この後も続いたのでしょうか。
氣仙：いやそれもう村に答申したんです、そのファイルごと。だから目の前でシュレッダーにかけられたんさ。「こんな貧乏くさいことはやめろ」と。貧乏くさいっていうのがなんのことだかピンとこなくて、一番リッチな考え方なのに。要は新しい建物でやったほうが、まあジャブジャブの原子力マネーが入っていた時代なので、そういう考えしかなかったの。
筆者：そうですよね、三・一一前ですもんね。
氣仙：ずーっと前ですよ。
筆者：二〇〇八年とか、九年とかぐらいですか。
氣仙：八年です。で、役場担当者に持っていって、「これ村長にまずお見せしていただいて検討してもらえますでしょうか」と。ていうのを持っていったら、そのファイル全てバラけさせられて、目の前でジャージャージャー。
筆者：え、それは比喩ではなくて、本当に目の前でシュレッダーで。
氣仙：本当に目の前で。
［……］
筆者：本当なんですね。いや、ひどい話ですね。
氣仙：ひどいっていうか、それが当たり前の社会だったような気がする、この村は。だから余計なことをすんなよ、お前、みたいな。だから煙たがられていたっていう、役場から。

こうして廃校利活用の動きは頓挫する。[4] だが、氣仙にとって、これが三・一一以前の「この村」の「当たり前の社会」であった。氣仙は地域づくりをはじめた頃から筆者のインタビュー時点までを振り返って、「だから窮屈な二四年を私は過ごしたと思います。悲しいですよ」とも語っている。

氣仙：村民なんか何も考えてないですよね。［……］ぬるま湯に浸かってると熱いんだとか、冷たいんだとか、わからない状態でずーっとくるので、それが子どもたちにも影響してくる可能性はあると思う。いっぱい可能性があるんですよ、この東通村で。ところが、自分がやらない限りは誰も見向きもしない。だから成功事例をつくれば、追随するんだと思うんですよ。だけど、成功事例をつくらせてもらえない。このなんて言うのかな、ジレンマを感じるところ。

しかし、氣仙は、沈黙に覆われる東通村にあって、なおも沈黙しなかった。

氣仙：いやあ、言った言った言った。言っても結果してさ、みんなやっぱり怖いもん。［……］俺、なんぼ吠《ほ》えても、結局みんな［……］パーっといなくなって。それはそうだと思うよ。［……］俺だってそれ、会社の社長なくなってやるくらいの覚悟は常にあるわけだから。んなもん、怖いものも何もないし。［……］ただ、そこを俺もやったからみんなにそうしろやって言えないじゃないですか。それってわいの優しすぎるところかもしれない。

六　一二年ぶりの東通村長選

氣仙にとって、三・一一以前から継続する「この村」の「当たり前の社会」のあり方を大きく変える契機になると期待されたのは、現職の任期満了に伴う東通村長選（二〇二一年三月）であった。それまで直近三度の村長選は無投票（一二年間）で、この間を含め通算六期二四年間は、越善靖夫が村長を務めてきていた。一方の氣仙は、かねてより、「行政は長期政権っていうのはダメ」と考えていた。

氣仙：私は毎回変えたかったんだけど。ただ変えるに足りる人物が出てこなかった。なんでかと言うと、我々がもし立候補して入っても、役場のことを何も知らないで行政という形で運営できるわけがない。

［……］

筆者：その間も誰かが出ていれば変わってたんですかね。それとも、何かこのタイミングというのがあったんでしょうか。

氣仙：いや、俺はそういう人を探し続けてきただけよ。だから役場の人間じゃないとそれは維持できないっていうのを私は常々思ってたから。そういう勇気のある人が出なかったってだけ。だから、［東通村議会事務局長などを歴任した］畑中［稔朗］さんも、そりゃね、勇気はなかったんだと思う。［……］だから、決断はたぶん、バックアップする人間が俺だったから立ち上がったんだと思う。だって、歴然と俺と同じことを考えている人なんだもん。歴然と。今まで潰されたことは救うよねっていう話。

結論的には、二四年ぶりの新人として畑中が当選を果たすことになるのだが（有権者数五三三一人、投票率七六・六八％、前職との票差二六七）、ここでは、なぜ畑中が出馬するに至ったのか、その経緯をもう少し見ておきたい。そこに、氣仙をはじめとする人びとの支援の理由の一端が垣間見えるからである。畑中は、当選後、原子力業界誌『Energy for the future』に次のように記している。

二四年ぶりの新村長誕生

わたくしは［……］二〇二一年三月一四日の村長選挙に出馬し、初当選を果たしました。／東通原子力発電所［……］は［……］さまざまな難局に直面しながらも［……］村と住民が一丸となって、明確な目標を成し遂げるのだという思いがあったことは、職員時代から感じていました。／［……］／ところが次第に、村と住民との距離が離れてきているのではないか、［……］住民が望んでいることを行政がやっているのだろうか、という疑問が生じてくるようになりました。／［……］果たしてこのままでよいのだろうか、わたしの周りにもおられました。彼ら、彼女らと腹を割って話をする中で、「村長選挙に出てみないか」という話がわたくしに対してありました。（畑中 2022）

氣仙にとっても問題は、村政が村民のほうを「村民の目線」で振り向いていないことだった。
そして、氣仙は全身全霊をかけて畑中を支援した。また、「全部入れてもらいました、私の二四年間の思いをあの公約に」という。

筆者：公約を練るときも、結構、議論したんですか。
氣仙：そりゃした、毎日毎日。だって一〇月から考えてるんだもん。で、誰にもバレないで三月一日［出馬表明前日］まで来たの。これってすごくない？　俺、結構な人間と喋ってんだよ、その間。でも漏らさないでねって言ったら誰一人漏らさなかった。その結束力はもう私も涙した。
筆者：当選したとき？
氣仙：うん。あれ途中でバレてると全部潰される、下されて終わり。

こうした氣仙らの文字どおりの陰の努力が功を奏し、畑中は当選を果たした。その畑中の公約は「未来へ挑戦する東通村へ」をスローガンとする、以下六つの柱からなっていた。

1、村民のみなさまが主役の村政運営実現　　2、未来をつくる「ひとづくり」の推進
3、ひとりひとりに寄り添う「しごとづくり」の推進　　4、ひとりひとりに寄り添う「くらしづくり」の実現
5、村民のいのちを守る「むらづくり」の実現　　6、原子力との共生を目指す「東通モデル」の推進

畑中は特に「住民の声に耳を傾けること」に重きを置き、就任後は「今までの行政スタイルを刷新し、住民主体の行政運営」に努力しているという（畑中 2022）。具体的には、村内全集落で「円卓会議」を実施したり、若年世代や子どもたちの意見を村政に反映させるべく、「東通村のイベント等における今後の在り方についての検討意見交換会」や「中学生議会」等にも取り組んだりしてきた。(5)なお、これらの取り組みには氣仙のアイディアも多分に反映されている。

七　「原発〝も〟あるんだよ」

しかし、畑中の公約の第六の柱であり、氣仙も賛同した、「原子力との共生を目指す『東通モデル』の推進」とはいったい何か。同様の文言は前村長も掲げていたが、氣仙にとって特に問題だったのは、「原子力との共生」を謳《うた》いながらも、村民の生活が〈原発〉で豊かになった実感が得られていないことであった。

氣仙：だから、その原発ありきの考えではダメでしょって。原発もあったんだから、じゃあそっちからお金が降りるかもしれないけど、その降りたお金をどれだけ有効に使って、どれだけ潤えるのかを我々は肌で感じたことはなかったよ、今まで。そういう使い方をした方が村政はいいよねっていう話で、あの「共生しましょう」っていうのはつけた。

注目すべきは、氣仙の批判の宛先が、地域活性化や人口減少に「有効」な形で「お金」を流さない、「原発ありきの考え」である「村政」にあくまでも向けられており、〈原発〉そのものへは向かわないことだ。

氣仙：うん、だって［原発は］あるんだもん。できちゃってんだもん。だから何よっつぅ話で。

氣仙：もうできちゃったものに対してなんで我々が意見喋るのっていう話だよね。それって企業じゃないですか、相手は。企業を相手に「お前たちがやめろや」っていうこともおかしい話で。私にカメラをやめろというのと同じ関係だよね。だからそれはねぇんじゃねぇのっていう。

「原発ありきの考えではダメ」だが、とはいえ〈原発〉は「ある」。それ自体をどうこうするのは、現実的ではない。そうだとすれば、〈原発〉を地域振興に有効活用しうる「原子力との共生」の手立てを具体的に考えていくしかない。にもかかわらず、この議論を主導すべき立場にある村政は、なぜそうしないのか――。これこそが、畑中の第六の柱を支持する氣仙のロジックだった。そうであればこそ、氣仙はこれまでも村政に頼らずに、氣仙流の「原発に依存しない」地域づくりを自ら進めてきたのである。

また、氣仙はこうして自らが担ってきた地域づくりを通して、〈原発〉のある東通村に対しては、「原発〝も〟あるんだよ」という見方になってほしいと言う。

筆者：氣仙さんは「……」「原発〝も〟あるんだよ」っていうそういう見方になってほしいって。
氣仙：そうそうそう。
筆者：「……」もう少しお話しいただけないかなと思って、「〝も〟」っていうのは。
氣仙：うん、なんて言えばいいかな、目指しているものは、原発って何なのって。我々が知らないときに、生まれもしないときに議会で決めて、で、今、建設してもう稼働して、まあ再稼働にはなってねぇけど、何も別にあるんだもん。いいじゃんそこでって、みてぇな感じ[6]。で、原発もあるけど、でも実はもっともっと魅力的なものがいっぱいあるんだよっていうのを私はみんなに伝えたいし、説明もしたいし、そういう魅力的な村なんだよっていうのをどんどんどんどんこう波及してほしいし。

東通村が〈原発〉のある村としてしか見られぬことは――〈原発〉が「あること自体が負だとは思ってない」ものの――、この村が本来的に有してきた「魅力」の総体からは著しくかけ離れており、氣仙には絶えずもどかしさがあった。

　しかし、「原発〝も〟あるんだよ」という発想にもとづく氣仙の地域づくりが、〈原発〉それ自体が抱える葛藤から完全に自由でないこともまた事実だった。この課題点が明瞭に現れたのが、東通村を含む下北半島の新しい観光拠点確立のために氣仙も実現に奔走した、下北半島の大地の形成史を「一億五千万年の物語」として伝える「下北ジオパーク」である[7]（写真1）。そして氣仙は「原発〝も〟あるんだよ」の変奏とも言いうる表現で、「原発があるけど、ジオパークなんだよって意識させるところも必要不可欠と思います」と語る。だが、下北ジオパークは、氣仙の言葉を用いれば、「原発のあるところに、活断層だ、断層だって説明する」ような「一番まずい」内容——東通原発の再稼働と建設再開の足かせがまさにこの断層が活断層か否かという問題である——をはらんでおり、「火に油を注ぐ」側面をも有していた。実際に、日本のジオパーク認定機関ＪＧＣ（日本ジオパーク委員会）は、下北ジオパークの認定のための現地審査報告書で「本構想地域における、原子力発電所の立地と、ジオパークが目指す地球科学的な知識を背景にした地域の持続可能な発展とは、現状のこの構想地域の体制では共存し得ないものと考えられる」（目代・杉本 2014）と一度は厳しい評価を下している。

写真1　下北半島に伝来する修験者の格好をして下北ジオパークの解説をする氣仙（氣仙修氏提供）

　このように氣仙の「原発に依存しない」地域づくりは、〈原発〉由来の自己矛盾を絶えず潜在的に抱えている。そして氣仙の「原発〝も〟あるんだよ」という表現は、この村が〈原発〉だけでない「魅力的な村」であることを知ってほしいという他者への呼びかけであるとともに、こうした自己矛盾をどこかで自覚しつつ、それでも今は〈原発〉がある中で地域づくりを進めていくしかないという自己への現状肯定の言葉でもあるのではないか、と私には思える。

八　「廃炉でもいいんじゃね？」――変わらずに変わっていく

氣仙のいう「原発に依存しない」地域づくりとは、〈原発〉があるならば地域活性化の資源として有効に活用すべきだが、「原発ありきの考えではダメ」ということを意味していた。それは、たとえば、原子力マネー自体に否定的な六ヶ所村の菊川慶子（本書第五章）が掲げた「核燃に頼らない」地域づくりというスローガンと、その文言自体は似ているが内実はやや異なる。両者の間には原子力関連施設を有する地域の自立観に差異があり、原発や核燃に「依存しない」や「頼らない」の理解には複数性があると言える。

とはいえ、氣仙は一貫してこの「スタンス」を保ちつつも、東通原発の再稼働と建設再開が現実化しない時間が長期に及んでくる中で、自らのそれを徐々に修正してきているようにも見える。

筆者：氣仙さん、ぼく前に泊まりに行かせていただいた［……］その時ともまた考え方が変わっているのかなと思ったんですけど。［……］でも、とりあえず今は原発のことは考えずに、そのほかのできることをやろうよっていうところでは変わってないのかなと思いました。

氣仙：そう、負ではないわけだよ。［……］原発もあっていいんじゃねえの。［……］そこはだってもう変えようがないんだもん。できちゃってるから。潰しましょうって運動を起こしたってさ、何の得にもなんねぇ。

筆者：それは、今、原発はあるんだもんっていう言い方と、同時に、先ほどは住民レベルにあんまり実感がないということだったんですけど、それは原発があってもプラスでもマイナスでもないという、そういう感じなんですかね。
氣仙：うんそう、「再稼働も建設再開もしていない特に」現状はね。だからそれでいいんじゃね、フラットで。あ、そういえば原発もあったよね、みてぇな、というところになりつつある。
筆者：「なりつつある」。それは動いていた時は必ずしもそうじゃなかったっていう感じ。
氣仙：そうそうそう。
筆者：ああ、なるほど。
氣仙：要するに、ガンガン固定資産税が入ってくるんだから、動かなくなってゼロだべ。
筆者：そうですよね。
氣仙：これ一〇年続いたんだよ。じゃあもういらねぇじゃんみてぇなところにもなってくるって。あと五年もすればみんなそうなる。
筆者：氣仙さん自身も、そういうふうに考え方が変わってきたなと思われますか。
氣仙：うん、だから廃炉っていう意見も出てくるし。面白いんじゃねぇ？ 廃炉にするのも、みてぇな。四〇年かかるんだから。「……」もう廃炉にして、あと四〇年お付き合いしましょうよって。
筆者：よくわかりました。
氣仙：その間に、だから今までもそれ「地域づくりが」、できたはずなんだけど、何一つできてないんだよ。それは原発マネーが入るから、考えなくてもいいという考え方できたから。俺は嫌で嫌でしょうがないから一人でも活動しましょうっていうことに切り替えたの。もう行政を頼らないって。

刮目すべきは、氣仙が「原発に依存しない」あるいは「原発〝も〟あるんだよ」という立場を維持しつつも、「原発〝も〟あったよね」と〈原発〉が実感上ではますます過去のものに「なりつつある」ことを示唆していることであり、またその延長上で――「原子力との共生」を支持しながらもその裏側では――新たなあり得べき選択肢の一つとして「廃炉」が遠望されつつあることだ[8]。三・一一以降の過ぎゆく時間の中で、氣仙はまさしく「変わらずに変わっていく[9]」過程を生きているのである[10]。

九　氣仙の声にいかに応えるか――結びに代えて

以上、本稿では、氣仙のライフヒストリーに織り込まれた、〈原発〉とともに生きるということのリアリティの一端とそれに対する筆者なりの理解を描いてきた。氣仙にとって、〈原発〉は日常に溶け込んでいてそれ自体は批判対象になり得ず、他方で地域活性化の資源である〈原発〉を有効活用しないことを含め、「村民目線」から乖離した村政こそが問題だった。そして、氣仙ら村民は村政を転換し、特に〈原発〉については、再稼働と建設再開要請を前提に「原子力との共生」を実質化させるべく再出発した。ただし、こうした「共生」理解がごく一面的なものに過ぎぬことも、氣仙に仄見えつつある「廃炉」というもう一つの展望からは示唆された。氣仙は、三・一一以降の時間の経過の中で「変わらずに変わっていく」過程を生きていた。また特に村政を転換せしめた事実は、東通村に確かな地殻変動が起きつつあることを予感させる。氣仙のライフヒストリーは、そのことをも示唆するものであった。

一方、本稿執筆中の筆者は、氣仙のこれらの声にいかに応えるかを自問せざるを得なかった。なぜなら、「原子力立地点住民」は原子力政策の動向等を含め、絶えず自らの生き方を「問われ続ける存在」（山室

2012）になる位置にあるのに対して、氣仙に相対する筆者はその反対の「問う側」の片棒を担ぐ位置にいたからだ。それゆえ、氣仙の声にいかに応えるかという問題は、問いかけた私が「問う側」の責任をいかに引き受けるかという問題として捉え返されねばならない。

　もとより、それは一朝一夕には果たされないが、本稿で試みたような、次世代形成への関心と原発問題をめぐる賛否の〈あわい〉を生きる人びとの機微の理解とその記述が引き続き求められるのではないかと思う。それは、「問う側」の責任を棚上げして、無鉄砲な問いの連投を許すことではない。「問う側」の責任――そこに介在する暴力性への自覚――を片時も手放さず、現地の多声性に耳を澄まし続けることだ。そして、本稿での氣仙のように、問いかけに応じる他者が現れるならば、原発問題を抱える地域の明日についてともに語り合うための対話の基盤を、わずかなりとも押し広げられるのではないか、と私は信じる。

　こうした現地の多声性に関する記述を積み重ねて対話の基盤を押し広げてゆくことは、同時に連帯の可能性を広げてゆくことにもなろう。たとえば、本稿では「『原発に依存しない』地域づくり」の複数性を指摘したが（第八節）、原発問題への評価は人によって様々でも、地域の存続を願う点では一致して連帯できる可能性が残されていることが、そこからは示唆される[11]。〈あわい〉の描出は、潜在化した連帯の契機をも浮上させうるのだ。氣仙が予見したように廃炉社会が、あるいは、その先に原発なき社会が到来しうるのであればなおのこと、その日を座して待つのではなく、〈あわい〉を記述し続け、連帯の可能性を広げておくことが、地域の存続を自助努力に閉ざさぬためにもますます重要となろう。

　私はこうして氣仙の声に応えていきたいと思う。氣仙が教えてくれた、私にとっても「魅力的な村」のために。

〔注〕

（1）本稿では、筆者による氣仙への三回のインタビューデータ（二〇二一年四月一三日、同年四月二八日、同年五月一八日）を中心に用いている。なお、その他に本書執筆者らに対する氣仙の地域づくりに関する講演と応答の記録（二〇一八年一〇月二八日）などを補足的に参照した。氣仙のインタビューデータ等からの引用に際しては、引用中の中略を「［……］」、改行を「／」で示し、引用者による補記を「［　］」内で行った。

（2）なお、東通村商工会は、一九八一年時点ですでに「原発建設に伴う商工対策協議会」を設置し、翌年の第一回会員大会では「原発建設の早期着工」を決議している（記念誌発行班編 2004）。

（3）その後、小寺は東通村に移住して一般社団法人 tsumugu を起業し、①共育型インターンシップ、②地域づくりの中間支援、③高校生・大学生のキャリア教育支援、を中心に事業を展開している。一般社団法人 tsumugu ホームページ、https://www.tsumugu0326.com（最終閲覧：二〇二四年七月一七日）。

（4）氣仙によれば、老朽化によって今となっては利活用できる廃校はほとんど残されていない。

（5）畑中は二〇二四年三月時点で早くも次期村長選（二〇二五年三月）への再選出馬を表明している（東奥日報 2024）。

（6）厳密には、東通村議会による原発誘致の決議は一九六五年で、氣仙はその四年前に誕生しているが、ここで重要なのは、氣仙にとって〈原発〉はすでに「ある」もので批判対象にならないことである。

（7）下北ジオパークホームページ、https://shimokita-geopark.com（最終閲覧：二〇二四年七月一九日）。

（8）とはいえ、何をもって「廃炉」とするかという定義の曖昧さや、廃炉期間を四〇年間とする根拠の希薄さなど、廃炉をめぐる課題は山積している（尾松 2022）。

（9）この表現は、コスモの経営理念「ずーっと身近なコスモ　変わらずに　変わっていく」から示唆を得た。有限会社コスモクリエイトホームページ、https://cosmoltd.co.jp/index.html（最終閲覧：二〇二四年七月二四日）。

（10）むろん「原子力立地点住民」が原子力政策の動向などから自らの生き方を「問われ続ける存在」（山室 2012）ならば、氣仙は今後も変わり続けるだろう。たとえば、東北電力は東通原発の再稼働に向けた安全対策工事の完了予定（二〇二四年度中）をさらに翌年九月に延期した。このことが、氣仙らの生き方を引き続き問い続けることは疑いない。

（11）本書第四章も参照のこと。関連して、山口県上関町における上関原発および中間貯蔵施設建設計画のもとでの「賛成派」と「反対派」の両者を共同代表として、「宝の海を残したい」という共通目標で一致して結成された「上関ネイチャープロジェクト」の取り組みは注目に値する。

〔文献〕

尾松亮（2022）『廃炉とは何か――もう一つの核廃絶に向けて』岩波書店。

記念誌発行班編（2004）『東通村商工会創立二五周年 東通村観光協会創立一五周年 合同記念誌』東通村商工会・東通村観光協会。

東奥日報（2016）「原発早期再稼働　県に協力を要望　下北の商工団体」二月二〇日付、朝刊三面。

東奥日報（2024）「畑中氏　再選出馬へ　東通村長選」三月五日付、朝刊二面。

畑中稔朗（2022）「再稼働と工事再開を待ち望む東通村の未来を創る」『Energy for the future』第四六巻第一号、三二～三五頁。

日代邦康・杉本伸一（2014）「下北半島ジオパーク現地審査報告書」https://jgc.geopark.jp/files/20140305.pdf（最終閲覧：二〇二四年七月二二日）。

山室敦嗣（2012）「問われ続ける存在になる原子力立地点住民――立地点住民の自省性と生活保全との関係を捉える試論」『環境社会学研究』第一八号、八二～九五頁。

コラム 3

福島イノベーション・コースト構想の現場からポスト三・一一の核開発のあり方を問う

横山智樹

構想される「復興」と地域の現実

福島イノベーション・コースト構想とは、東日本大震災および福島第一原発事故からの「復興」の大本柱とされ、福島県浜通り地域を中心に「新たな産業基盤」を構築することを目指した構想である。中でも、ロボット産業や廃炉産業、再生可能エネルギーの先端分野を中心に、新たな地域産業の構築と雇用創出を図ることが主目的とされている。そして、その多くはメガソーラー事業や産業団地の造成・企業誘致など、経済重視のアプローチ（ハード面の公共事業）が目立っており、その予算規模は何十兆円にもわたる。しかし、避難生活や放射能汚染による被害が長期にわたり継続する中で、この構想される「復興」の方向性が被災者や地域の状況と合致しているかは疑問視されている。

主に二〇一四年以降、「早期帰還」を軸とする復興政策に位置づけられたこの構想が展開する中で、浜通りの被災自治体はそれぞれ異なる立場を取り、異なる反応を示してきた。例えば、役場庁舎が移転せず避難指示も部分的であった南相馬市では、ロボットテストフィールドの誘致やロボット産業の受け入れを含む「ハード」事業の推進に積極的に取り組む姿勢を見せた（「ロボットのまち みなみそうま」など）。一方で全町避難や役場移転を強いられた富岡町のように、構想を自らの復興計画に十分に組み込むことができず「周辺化」する自治体もある[1]。南相馬市や浪江町に造成されたような「ロボットテストフィールド」は、大規模な用地取得が必要であり、他方で計画段階では避難指示が解除されていなかった富岡町では、この選択肢には「乗りたくても乗れない」状況だった。ロボット関連施設（だけでなく、イノベ全般）は、用地取得や避難指示解除の時期の問題から、実際に造成されることとなった南相馬市、あるいはいわき市などに有利に働き、多くの避難自治体・避難指示区域を擁した地域は周辺化していった。このような地域ごとの対応の違いは、結局のところ「補助金獲得競争」ないし「誘致合戦」の様相を呈しており、これはもはや単なる開発主義の復興と言った方が良いだろう。多様な地域や帰還者も避難者も含めた住民同士の紐帯はより一層分断していくことは避けられず、構想が意図するような浜通りの地域一体の再生とは逆行しているといえる。

被災経験をもつ農業高校教員の証言

その上でさらに一例として、ある若い農業高校の教員が語る生活と教育現場での困難を取り上げてみたい。彼は原発事故による避難の当事者であり、地元といわき市を往復しながら生活を続ける中で、家族や私生活における悩み、そして教員としての職務に対する重圧に苦しんでいる。

南相馬市の農村部・農家出身の彼（現在二七歳男性）は、被災・避難を経験したのは中学二年生の時からであった。県内各地を転々と避難し、市内の仮設住宅に落ち着いてからも合わせると七年以上の避難生活を送った。彼の家族の居住地は原発から二〇キロメートル圏内（警戒区域）に指定され、避難指示が解除されたのは五年半後の二〇一六年七月一二日のことであったが、それからさらに二年ほども「帰りたくても帰れない」状態が続いた。

彼自身は地元の農業高校から首都圏の大学に進学し、やがて福島県の農業高校の教員として働くようになった。現在は市外で教員生活を送りながら、定期的に地元の家族のもとに通い、屋敷地の草刈りなど家の管理の手伝いをしている。避難生活が続き、帰れない中でも家産の管理を続けてきた祖父を通いながらサポートしてはいるものの、家の農業の再建には程遠い現状がある。(2)

そして、震災後の状況下で彼が担う教育活動は、多くの面で困難を伴い、特に被災地での教育活動が持つ難しさが浮き彫りとなっている。構想に基づく各種事業の中で、予算規模の観点からは周辺的な位置付けとなるが、「教育・人材育成」の一環として、各種教育機関における取り組みが実施されている。その教育内容は、主に二つの方向性を有するという。

その一つは、「放射線教育」や「震災伝承」と呼ばれる取り組みである。彼が赴任した県内の農業高校でこれを実施した契機は、予算があるので試してみようという意図からであった。発案者の教員は、地元で発生した出来事を忘れないでほしいという思いを抱き、結果的には双葉町の伝承館を見学する活動が実施された。伝承館の展示内容は、国や県によって決定されるだけでなく、語り部に対する「指導」が問題視されたこともあり、地元住民からの批判的な意見は根強い。また、実際は伝承館の訪問や語り部の話を聞く形式に固定化されてしまっている現状がある。そうしたことから、呼びかけを行った教員としても、一定の疑問を抱いていた様子だったという。さらに、対象となる生徒は当時小学生や幼稚園児であり、原発事故や放射線に関するイメージが湧かないため、そもそも関心が低いという課題も見受けられるという。(3)

もう一つの方向性は、「イノベ教育」と呼ばれるものである。農業高校の特色ある教育として彼が携わった取り組みには、例えば公共施設の室内緑化作業、新たな農業施設（植物工場）の見学、ＩＣＴを活用した農業生産施設の見学や作業体験、ドローンを活用した圃場管理などが実施された。このような農業高校の教育は、理想的には生徒の分野への興味を広げ、課題研究として深化させることであるとされるが、現実にはそこまで達していないのが悩みどころだという[4]。いずれの取り組みも、通常のカリキュラムには組み込まれていないため、定期的かつ継続的に実施するものではない。予算消化の手段としても、視察用のバス代や講師代を計上することで終わってしまう場合が多い。このような単発的な取り組みの中で「実施した感」を演出しなければならず、それによって次年度の予算確保や事業の継続が左右されることも少なくない。さらに、国の予算である以上、早期に使い切る必要があるだけでなく、短期的な成果を示しつつ、学校の独自性や特色をアピールする必要があるというのだ。

二つに大別される教育内容のそれぞれに現場で携わる教員として、彼が課題だと感じていることは多い。ただ、それはともかく問題だというのは、これらの教育事業の中で「復興」と原発事故・震災伝承に関わる教育内容が全く別の方向性を持っており、これらの有機的な結びつきが無いことだという。また、これらの教育において彼自身が経験したり感じたことを生徒に伝える機会も全んどなく、彼の中でも経験と教育とが乖離しているのである。これらのことは、政府のイノベ構想を中心とする復興政策が現実の被災者・避難者の生活実態と乖離していることと決して無縁ではなく、むしろその乖離が教育現場にも影響していると考えるのが妥当だろう。「イノベと震災教育は別ですね」と彼が語るように、構想に基づく「イノベ」と、震災の経験や記憶を伝承するための教育課題が分断され、そして現場の高校や教員に対する業務負担は増大し、復興計画と教育の乖離すらも広がっているのだ。

そして復興とは別の目的へ

福島イノベーション・コースト構想は、表向きには「復興」を掲げているものの、その実態は原発事故からの被害再生というよりは、特定分野の産業振興が目指されるばかりである。そして震災からの再生としての復興とはかけ離れた目的に向かって進む構想の行方は、被災者・避難者の生活再建と無縁のものになりつつある。さらに、廃炉や放射性廃棄物問題の解決が道半ばであるにもかかわらず、原発再稼働や場合によっては軍事研究への取り組みに至るまでの方向性すら示唆されている。東京新聞の記事「復興の司令塔が手を結ぼうとする驚きの相手　マンハッタン計画にルーツ『核兵器の肯定』につながらないか」（二〇二四年五月八日）では、「復興を名目とした国の主導が被災地域の実情を軽視しているとし、被災地の新たな利用に対する懸念が示されている」。その内容を要約すれば、次の通りである。

> 今年四月、岸田文雄首相が外遊中に、福島国際研究教育機構（エフレイ）が米国のパシフィック・ノースウェスト国立研究所（ＰＮＮＬ）と覚書を結ぶ方針が示された。福島県浪江町に本部があるエフレイは、浜通りで進む福島イノベーション・コースト構想の司令塔とされ、廃炉や放射線関連、ロボット、農林水産業、エネルギーを最重要分野に研究開発や産業化を進める。ＰＮＮＬは原爆開発の「マンハッタン計画」に起源を持ち、原子力や安全保障分野における研究を進めてきた組織だ。ＰＮＮＬとエフレイの連携は、福島復興やイノベーション促進を目的としており、技術協力が強調されている。[5]

このような現状は、被災者や地域を置き去りにしたまま、経済政策としての原発活用を先行させているとも言える。震災後の復興政策には「廃炉にとどまらない」原発関連産業の進展が含まれており、被害を受けた地元住民の意向を無視した形で軍事産業のような新たな核開発へと舵を切ろうとしているかのようである。

廃炉が進まず、核のゴミ問題も未解決である状況の中、汚染処理水の海洋放出や原発再稼働、新設計画が進

む現実に対し、地域住民の視点から復興政策の本質を改めて検討し、今後も監視の目を光らせていく必要がある。(6)

〔注〕

（1）富岡町では、再エネ、廃炉技術研究、ロボットなど重点項目とされたハード事業の一方で、「とみおか　アーカイブ・ミュージアム」のような震災の記憶・経験の継承や情報発信が、むしろ不可欠なものと考えられており、イノベ構想が発足する以前から「文化財レスキュー」の活動なども含めて積極的に進められてきた経緯がある。さらに、イノベ構想が急速に展開していった二〇一四年から二〇一七年頃は、政府から構想が提示されても避難自治体の多くでは避難指示の解除すらもまだ見通せない段階だったのである。この点について詳しくは、拙著（高木竜輔・佐藤彰彦・金井利之編『原発事故被災自治体の再生と苦悩――富岡町10年の記録』第一法規、二〇二一年）の第四章（イノベーション・コースト構想の展開過程）を参照いただきたい。

（2）彼の地元の集落では、避難指示解除がなされ、作付け制限が解除されてもなお帰還できない家族や若い世代が多かったことから、小規模家族経営で行なってきた農業や共同作業を再開することは難しかった。さらに住民の帰還と営農の再開、産業の再生のために各地で展開されている圃場整備事業（農地の整理・集積）が彼の集落でも行われることになったのだが、整備実施後の営農担い手（法人化・経営効率化を含む）に加わることはできず、集落の多くの家族と同様に所有農地の大部分を集落の担い手に貸し出すことにしたのである。避難先から家の管理を続けつつ、帰還や営農再開の判断を多くの人々が保留していた中で、こうした事業や早期帰還政策の進展によって「帰還・営農再開」か「農地を手放し営農を諦める」という判断に二極化し、結果として家族農業を主とする集落のあり方は転換、そして「復興」はごく限られた担い手のものとなった。担い手となった法人ではイノベ関連の事業として、農薬散布や生育調査等にドローンを活用しながら稲作を行うようになったが、農地を手放した彼の家をはじめとするほとんどの農家は置き去りのままである。詳しくは、拙著（山下祐介・横山智樹編『被災者発の復興論——3・11以後の当事者排除を超えて』岩波書店、二〇二四年）の第五章（故郷としての被災地に関わる——富岡・南相馬・雄勝で被災した若者たちの現在）を参照いただきたい。

（3）他方で、実際に被災経験を持つ生徒が多かった頃は、震災関連の出来事にトラウマを抱き、ＰＴＳＤのような症状が現れる場合もあった。このため、毎回、生徒一人一人やその家庭に教育内容の確認や承諾を求めたり、現住所と住民登録の不一致（避難当事者かどうか）の有無を確認するなど、生徒一人ひとりへの配慮が行われているのだという。

（4）一方、普通科高校や進学校では、「トップリーダー育成」を目指して地元企業や高校ＯＢによる講演、地元企業や研究機関、大学との連携による実践的な教育が行われることがある。しかし、全ての高校でそれが可能というわけではない。

（5）福島県やエフレイは、ＰＮＮＬとの連携を地域発展のためと位置付けているが、安全保障や軍事研究との関連については明確な姿勢を示していない。とはいえ、ＰＮＮＬの核兵器や安全保障関連の研究と、福島の復興の名目が結び付けられることで、軍事的利用の危険性があることは言うまでもないだろう。また、重要経済安保情報保護法案が進行中であり、この連携が秘密裏に進められる恐れもある。

（6）なお、このコラムを執筆するにあたり、多くの方に情報提供のご協力を頂いた。実名を挙げることは控えるが、南相馬市役所職員Ａ様、富岡町役場職員Ｋ様、南相馬出身のＮ様とそのご家族、集落の皆様には、この場をお借りしてお礼申し上げたい。

終章

西舘 崇

本書は、核開発が進む青森県北東部の下北半島で生きた／生きる一〇人のストーリーをまとめたものである。筆者たちにその貴重な経験を教えてくれたのは教師や歯科技工士、郵便局員、消防士、自営業者、市民運動家たちである。

本書では下北半島における核開発の歴史を「始動」（一九六〇年代〜）、「浸透」（一九八〇年代〜）、「転調」（二〇一一年三月〜）という三つの時代に区分し、そこに三〜四人の人びとを位置付けた。そして、各人がその時々の開発のありように対してどのように向き合ったのか、またその背景には何があったのかについて、ヒアリング調査と文献調査をもとに記述した。その上で、それぞれの生き方から発せられる「問いかけ」に耳を傾け、その意味することを考えた。これらの試みがどれほど成功しているかは読者の判断に委ねられるが、本章ではその評価に資するよう、まずは一〇人の全体像を素描することから始めたい。

本書で注目した一〇人

表は各部各章の人びとの生まれやその主要事例／出来事等をまとめたものである。年代に注目すると濱田を含め半分が戦前・戦中生まれである一方、戦後生まれは一九四〇年代が二名、五〇年代、六〇年代、七〇年代が一名ずついることがわかる。最年長は一九二八年生まれの濱田で、最年少は一九七六年生まれの花部である。この差はおよそ五〇年となる。性別では菊川と野坂の二人が女性で、残り八人は男性である。出身地は川内、田名部、大畑など現むつ市出身が六人であり、大間町一人、六ヶ所村一人、東通村二人である。職業等では一〇人中四人が教師である。なお表には記していないが菊川、斎藤、野坂、北川、氣仙の五人は一度首都圏等に出て帰郷したUターン組である。

注目した人びとの四人が教師であったことは本書の特徴の一つであるが〈その背景については「編者あとがき」を参照〉、それは私たちの調査に多くの気づきと深みを与えてくれた。人の成長に密接に関わる教師が核開発をいかに捉え、目の前の子どもや生徒たちにどのように接してきたのか。そしてそこから何を感じとったのか。こうした問いかけに対して、彼らはその経験と胸の内を惜しみなく語り、資料を提供してくれたのである。そこで得た手がかりを携えて、私たちの下北通いは回を重ねていくこととなった。調査対象も元教師以外の人びとへと広がっていった。

さて、表の右端には各章の事例等をごく短くまとめているが、一〇人それぞれの生まれや年代、職業などを別にしても、各々が直面した状況やその主たる活動、実践の足跡は多様であることが読み取れる。しかし各章で描かれたストーリーを注意深く読み解くと、彼らの核開発地域での生き方には共通する部分が少なくない。とりわけ一〇人のほとんどが、地域に根ざした何らかの活動や実践を展開していることは注目に値する。しかもその多くは、地域を作る〈主体〉についての問題意識に深く動機付けられているように思われる。彼らの語りや記述にはまた、賛成／反対という枠組みで簡単に括ることのできない想いが詰まっていた。以下ではこのそれぞれについて説明しよう。

表　本書で取り上げた人物とその主要事例／出来事等

各部の時代	人物	出身地	職業等	主要事例／出来事等
第Ⅰ部 核開発の始動 1960年代～	一章　濱田昭三 1928-	川内町	教師	原発立地計画による小田野沢小学校南通分校の廃校と文集『ふるさと』発行
	二章　中村亮嗣 1934-2016	田名部町	歯科技工士・画家	原子力船「むつ」の母港設置に対する市民運動
	三章　穴沢達巳 1934-1978	大畑町	教師	白糠地区における生活綴方教育と「白糠地区海を守る会」における学習
第Ⅱ部 核開発の浸透 1980年代～	四章　奥本征雄 1945-2020	大間町	郵便局員・市民団体（メンバー）	大間原発建設反対運動と〈相手の気持ちがわかる心〉を基盤とした推進派との対話
	五章　菊川慶子 1948-	六ヶ所村	花とハーブの里（代表）	故郷（六ヶ所村）へのUターンと「核燃に頼らない村づくり」の実践
	六章　斎藤作治 1930-2016	田名部町	教師・市民団体（代表）	現場訪問型の教育実践と中間貯蔵施設建設に対する市民運動
第Ⅲ部 核開発の転調 2010年代～	七章　野坂庸子 1947-	田名部町	市民団体（代表）	「核の中間貯蔵はいらない！下北の会」による活動とキリスト教幼児教育
	八章　北川博美 1956-	田名部町	教師	〈独りよがりでない教育〉の場づくりの実践と葛藤
	九章　花部雅之 1976-	東通村	消防士・能舞指導者	学校統廃合により母校を失った白糠地区における能舞伝承の試み
	十章　氣仙　修 1961-	東通村	コスモクリエイト（代表）	賛否の〈あわい〉に息づく「原発に依存しない」地域づくりの実践

出典：筆者作成
（注）川内、田名部、大畑は現むつ市。

地域に根ざす

一つ目は、四人の教師たちに特に共通する事柄である。それは、核開発が学校とその社会へ押し寄せる中にあって、子どもと地域とのつながりを守る試みであった。

本書でいう核開発は、濱田（第一章）の言葉を借りれば「強大なる圧力（巨大開発の）」であり、それは子どもたちの生きる世界の内部にも影響を与えた。二分する住民たちの対立は子どもに投影され、賛成か反対かをめぐる口論が生じることもあった。用地買収が進み、南通分校が廃校となることは、子どもとその親、住民たちにとっては〈ふるさと〉の剥奪であり、濱田が分校に赴任以来取り組んできた〈心のよりどころ〉の喪失であった。これに対し、彼は教師として抗う。子どもたちに学校や友達のこと、父母のことなどを「なんでもいいから」書こうと呼びかけ、文集『ふるさと』（一九七一年発行）づくりに取り組んだのである。南通地区の風景画を描き住民にも届けた。文集と風景画は子どもたちと学校との、そしてまた全ての住民と南通地区との記憶を次世代へとつなぎ留める試みであった。

この濱田に大きな影響を受けた穴沢（第三章）は、子どもたちの育ちと学びを左右する〈生活台〉としての地域により大きな関心を寄せていく。原発立地計画が進む中で、穴沢は原発に異を唱えるというより、子どもや親たちが地域について学ぶことを重視した。文集『がんべ山』（一九七三年発行）はその一つの集大成である。これは「漁村白糠を考える」をテーマに子どもたちが漁師である父親に漁業のことを聞き、それをまとめるという綴方教育の一成果物であったが、その重要な含意は白糠地区の将来を担う子どもたちが、自分の目を通して地域の代表的生業（漁業）とその主体（漁師）を見出したという点である。この漁師たちに代表される地域主体とその生業を支えることが「白糠地区海を守る会」が提起した「真の開発」であった。守る会がここで「開発」に〝真の〟と加えざるを得なかったのは、白糠に押し寄せる核開発により地域の生業と主体性が失われてしまうのではないかという危機感からであろう。

斎藤（第六章）と北川（第八章）は同じ田名部出身で両者ともUターン組である。北川の高校時代の担任は斎藤だったが、当時は下北出身の教師が珍しかったという。斎藤も下北に留まることは考えておらず、四、五年したら東京に帰ろうと考えていた。しかし彼は下北半島に脈々と流れる〈語り合う〉文化に魅せられ、この地で教員を続けることになった。斎藤の教育スタイルは生徒と共に現地を訪れ、話を聞き、語り合うというものである。地域という現場なくして斎藤の教育は成り立たない。東通中学校の初代校長に就任した北川も、生徒たちが拠って立つ地域から目を逸らさなかった。北川は統合前の中学校の伝統をできるだけ引き継ぐことを生徒と一緒に行うなど、村政中心ではない統合を進めようとした。それはまさに、学校を取り巻く地域と共にありたいと願う北川流の〈独りよがりではない教育〉の場づくりであった。

主人公を取り戻す

二つ目は、本書で取り上げた人物たちが自身の暮らす地域における〈主体〉について問いながら、地域社会の発展のあり方を模索していることである。ここで主体とは、地域社会の担い手として本来中心となるべき人びとである。それはすなわちその社会で暮らす住民たち自身であり、地域社会の主人公であると言えよう。〈主体〉や〈主人公〉が問われるのは、地域を自分たちでつくる／決めるといったことが実現し難い状況にあるからだ。

先述した穴沢による文集『がんべ山』の発行はこの文脈で先駆的な教育実践と位置付けられるが、地域の〈主体〉に関心を持つのは教師だけではない。中村（第二章）とその彼を兄のように慕う野坂（第七章）は「この地域で育った人こそが主人公である」との考えで一致していたように思われる。もちろん、誰もが自分の意見を声高に主張したり、中心になって行動したりできるわけではない。ゆえに中村は、運動は大多数の弱い立場の側に寄り添うこと、例えば「おじいちゃん、おばあちゃんと同じ気持ちになって行う」ことが大切だと考えた。そしてその先に、行動する自分たちだけに限らない〈主体〉の相互形成を図ったのであった。野坂は「無理をせずに、動ける人が動くこと」を基調としながら、核開発に対する〈市民の記録〉の所在を問う。二〇〇三年、野坂と斎藤が共同代表となりむつ市に対して直接請求を行った中間貯蔵施設の誘致をめぐる住民投票条例案は、住民が主役となって決める機会であったが否決された。この事実は二〇年以上経った今でも変わらない。だからこそ彼女は、市民の声なき中間貯蔵事業に対して異を唱え続けるのである。

　東通村白糠で消防士としてまた能舞の師匠として暮らす花部（第九章）は「田舎の心臓は学校」と話す。彼の母校は統廃合の過程で廃校となったが、白糠では今、それ以上のことが起きているようだ。原発立地計画が具体化していく中、花部は自分たちの暮らしを自分たちで決めることができないという、ある種のもどかしさを感じていたのである。統合は「最初から決まっていた話」であり、決定を覆すことはできなかった。原発立地も花部が物心ついた頃には決まっていた。このような中で能舞を続けることは、村政や開発という外側によって決定されていない領域を守るということ、つまり自分たちが白糠地域における〈主体〉であり続けようとする意思の現れであると理解することもできよう。

賛成／反対だけでなく、語る

三つ目は、一〇人のうち誰一人として核開発の賛否を問う図式では捉え難い、ということである。例えば、本書の中で原発やその関連施設に対して明確に反対を主張しているのは中村と奥本、そして野坂であるが、この三者とて単純な反対ではない。

奥本（第四章）を例にしよう。彼は大間原発反対運動の中心人物であるように思われているが、話を聞くと賛成派の気持ちを理解しようとする〈反省的〉反対派であることに気づく。そしてまた彼は、その反省的な姿勢こそが賛成派と反対派の間における対話に必要不可欠なものであると認識していたのである。奥本は反対運動の失敗によってこれに気づき、それ以降、推進側の役場職員や町議、町長との対話を重ねた。

原発や核燃施設に対して賛成や反対などと明確な意思表示をしない／行わない背景には、それぞれの立場をめぐる葛藤や独自の想いがあった。濱田は、自身の立場表明がもたらす影響に敏感にならざるを得ず、教師としてあえて中立を保つことを選んだ。それは苦渋の決断であり、当時から五〇年以上経った今でも自責の念を抱く。むつ市内で様々な市民運動を展開した斎藤にいたっては、原発や核燃に対する意思表明をほとんど聞いたことがない。彼は「話し合う」ことに大きな意義を見出し、それを実現する機会づくりにこだわった。東通中学校長としての北川はあえて表立って「話さず」、「語らない」。そこには自分が中心となるのではなく、生徒や地域住民、仕事仲間さらには研究者たちと一緒に教育を作る意図があったと思われる。斎藤と北川は核開発に対しては直接何かを言っているわけではないが、核開発地域に対する立場は明確だ。斎藤は共に語ろうと呼びかけ、北川はその教育を共に創ることを目指した。

氣仙（第一〇章）と菊川（第五章）は対照的な人物のように見えるが、共通する部分もある。氣仙は核開発再開への期待と不安を、菊川は核燃に対する大きな問題意識を感じている。だが二人は、賛成／反対という考えに方向付けられていない「地域づくり」に取り組んでいるという点で似ている。氣仙は印刷・イベントデザイン業を営みながら、賛否に固執しない〈あわい〉の中で村政のあり方に厳しい目を向ける。菊川はチューリップ畑を通して、核燃に頼らない生業を興し、自立性を重んじた村づくりを目指す。そして「辺境」や「周辺」という認識から放射能汚染がない「豊かな場所」への認識の転換を提唱する。

多様な声が響き合う社会へ

さて、核開発のあり方が大きく転調していく時代にあって、私たちは何を大切に、どのように生きたらよいのだろうか。筆者たちは一〇人のそれぞれのストーリーから、その答えは一つではなく、人の数だけ存在することに改めて気づかされた。ありきたりに聞こえるかもしれないが、大切な気づきである。

なぜ大切かというと二つの理由がある。まず、核開発への賛否に限らない、豊かな語りの可能性が含意されているからである。原発や核燃料サイクル施設に関する話になると、誰が、なぜ賛成／反対かという点に注目しがちだが、賛否だけではない語り方や向き合い方もあるのだ。そしてその背景には、当然のことながらそれぞれが歩んできた人生や経験の蓄積があるのである。生まれ育った地域や暮らしの拠点となった場所への特別な想いもあろう。それらが一緒くたに一つの意見や立場としてまとめられてしまうのなら、それは人それぞれの歩みを軽視するものではなかろうか。

もう一つは、この転調の時代、人びとの声がますます聞こえ難く、見えにくくなっていくと思われるからである。たとえば、福島の復興における真の〈主体〉は誰であろうか。その実情は今や被災者や避難者とは無縁なものになりつつあるという（コラム3）。福島だけではない。二〇年以上前に起きたＪＣＯの事故では放射線の「みえなさ」ゆえに、被害者の声は立証されず、健康被害はなかったことにされたままだ（コラム2）。では、開発に揺れる地域で、人びとはそもそもどのように生き、開発と向き合ってきたのだろう。一九六〇年代の沼津・三島や南島などでそれを調査したのが福島達夫であった（コラム1）。そこには〝科学〟の名のもとに進む開発から、自分たちの地域を守ろうとする住民の姿があった。

本書の舞台である青森県下北半島ではどうだっただろうか。私たちが注目した一〇人は何を語り、何を問うていただろうか。筆者は、それぞれの人生に裏付けられた多様な声の存在を認めながら、それらを守り、次世代へと伝えていくことの重要性を感じている。下北半島には今もたくさんの人びとが様々な関わり合いの中で暮らしている。その一人ひとりの声に耳を傾け、それらを将来へと紡いでいくことができれば、その社会のありようは大きく変わっていくのではないかと思うのである。

〔参考文献〕

原子力市民委員会（2022）『原発ゼロ社会への道――「無責任と不可視の構造」をこえて公正で開かれた社会へ』インプレスR&D。
民主教育研究所「環境と地域」教育研究委員会（2018）『下北半島の未来を紡ぐ――地域、教育、民主主義』民主教育研究所年報、第一八号、民主教育研究所。
山下祐介・横山智樹編（2024）『被災者発の復興論――3・11以後の当事者排除を超えて』岩波書店。

編者あとがき

本書には、下北半島という「核開発地域」に生きる人々から、原子力社会の今を生きる私たちへのたくさんの問いかけが詰まっている。しかし、いうまでもなく、本書の執筆者らが描き出すことのできたその問いかけは、現実に生きるかれらにとってみれば、ごくごく断片的なものにすぎない。執筆者らもそのことを重々承知している。読者のみなさんには、テキストに描かれたことはもちろんだが、その行間にこそ、目一杯の想像力をはたらかせてほしいと思う。そうすることで、執筆者らには見せなかった一〇人の主人公たちの新たな横顔にも出会えることだろう。そしてまた、かれらの背後に存在するまだ見ぬ無数の人々の問いかけが、ささやき声となって次第に聴こえてくるに違いない。

とはいえ、ここは本書の「あとがき」であった。読者のみなさんは、私に改めて言われるまでもなく、もうすでにそのようにして、ひとりでじっくりと本書を読み込んでおられるはずである。いったい、どのような問いかけが聴こえてきたであろうか。そして、それに対して何をお考えになったのだろう。願わくは、それぞれのしかたでその声に応じてみてほしい。本書をめぐって近くの大切な誰かと語り合ってみることでもよいだろう。語りかけるには、少し勇気がいるかもしれない。だが、そんなときにこそ、本書の主人公たちがあなたの背中をそっと押してくれることだろう。かれらが願ったのは、こうした自己形成と他者形成との相互作用の蓄積の結果として築かれうる〈声と声が響き合う社会〉なのではないか、と私は思うから。そうした社会をたぐりよせるために本書がささやかな励ましになったならば、これに過ぎる喜びはない。本書へのご批正も賜れれば、またありがたく思う。

＊

本書のオリジンは、民主教育研究所「環境と地域」教育研究委員会に所属する研究者らが、三・一一以後の二〇一一年七月から継続してきた下北調査にある。調査開始の発端には、ひとつの反省があった。それは当研究会の前身である、国民教育研究所環境と教育研究会（以下：旧研究会）以来の研究史の「途絶」であった。旧研究会はまさしく「核開発の始動」の時代から、青森県国民教育研究所（以下：青森民研）の教師たちとともに、下北半島における子どもや大人たちの教育と学習のありようをウォッチし、研究成果を発表してきた（国民教育研究所環境と教育研究会編（1985）『地域開発と教育の理論』大明堂、等）。だが、一九八〇年代後半以降、「公害から環境へ」と言われる時代の中で、下北半島へのアプローチは急速に後退した。その延長に生じたのが福島第一原発事故であり、私たちのこうした研究スタイルは再考を迫られ、もう一度、私たちは現地へと向かうことになった。当初は旧研究会時代と同様に、青森民研の元教師たちと調査活動を開始した。かれらのおかげで下北半島の元教師たちをはじめとする出会いに恵まれ、調査は軌道に乗った。そして少しずつ私たち自身の足で下北半島を歩けるようになり、教師以外の多様な方々にもご教示いただいてきた。

本書はこれらの道程の上に編まれているが、刊行を決意した直接の契機は、目まぐるしい「核開発の転調」の動向に、今こそ、私たちの側も声を発して問題提起をせねばと考えたからである。しかし、私たちにも勇気が必要であった。それでも本書を世に問うことができたのは、一〇人の主人公たちが声を発する勇気を身をもって与えてくれたからに他ならない。

＊

本書の刊行に際しては、とりわけ以下の方々に大変お世話になった。記して心より謝意を表したい（五十音順、敬称略）。新谷真理子、大泉実成、奥本征雄、菊川慶子、氣仙修、北川博美、栗橋伸夫、斎藤作治、佐々木まき子、高屋敷八千代、田中寿太郎、中村一郎、中村務、中村亮嗣、鳴海健太郎、野坂庸子、野々垣務、花部雅之、濱田昭三、東田惣一、福島達夫、村上準一。また本文中に出典記載のない写真（本書執筆者らが撮影したものを除く）は、中村務（四一頁）、青森民研（六三頁、一三一頁）、秋山理央（一六一頁）、北川博美（一七九頁）、氣仙修（二二三頁）の各氏にご提供いただいた。

下北調査に関する本の出版を私たちが構想しはじめたのは、二〇一九年一二月のこと。それから本書の刊行に漕ぎ着けるまでにおよそ五年が経過した。末筆ではあるが、その間、私たちの頼りない足取りをあたたかく見守り、膨大な編集業務にも丁寧にご対応くださった同時代社の川上隆さんなくして、本書は生まれなかった。

二〇二四年一一月

編者を代表して　川尻剛士

本書関連事項年表

西暦	下北半島の動向	海外、国内の動向
1950		「国土総合開発法」施行（6月1日）
1952		「電源開発促進法」施行（7月31日）
		特殊法人電源開発株式会社設立（9月16日）
1953		原子力平和利用宣言（アイゼンハワー大統領「平和のための原子力」宣言）（12月8日）
1954		衆院予算委員会で中曽根議員が原子力予算を提案（3月3日）
		原子力準備調査会設置（5月11日）
1955	東通村立小田野沢小学校南通分校開校（12月）	第1回国連原子力平和利用国際会議（ジュネーブ会議）開催（8月8-20日）
		日米原子力研究協定発効（12月27日）
1956		原子力3法（「原子力基本法」、「原子力委員会設置法」、「総理府設置法」の一部改正）施行、原子力委員会発足、内閣府原子力局設置（1月1日）
		特殊法人日本原子力研究所（原研）設立（6月15日）
		茨城／原研・茨城県那珂郡東海村に東海研究所を設置（7月）
		国連／国際原子力機関（IAEA）憲章採択（10月23日）※1957年7月28日設立
1957		原研・初の原子炉JRR-1が臨界（8月27日）
		原子力委員会が原子力船専門部会を設置（10月25日）
		日本原子力発電株式会社設立（11月1日）
		「核原料物質、核燃料物質及び原子炉の規制に関する法律」（炉規法）施行（12月9日）
1958		社団法人日本原子力船研究協会設立（8月19日）
1959		日本原子力学会設立（2月14日）
1962		「原子力損害の賠償に関する法律」施行（3月15日）
		「第一次全国総合開発計画」（全総）閣議決定（10月5日）
1963		日本原子力船開発事業団設立（8月17日）
1964	東通村／「東通村郷土芸能保存連合会」設立	原子力安全研究協会設立（6月12日）
		「電気事業法」施行（7月11日）
1965	むつ製鉄株式会社、砂鉄原料株式会社解散を発表（2月）	
	東通村／村議会が原子力発電所誘致を決議（5月17日）	
1966		日本原子力発電株式会社・東海発電所営業運転開始（7月25日）
		東京電力・福島第一原子力発電所1号機設置許可（12月1日）
1967	むつ市／「むつ市を守る会」設立	
	むつ市／市議会が原子力船母港審議会、大湊港の母港化を決定（10月25日）	
1969		「新全国総合開発計画」（新全総）閣議決定（5月30日）
		原子力船むつ、東京で進水（6月12日）

1970	青森県が第二原子力センターの候補地として東通村がほぼ内定したことを発表（1月5日） 青森県が陸奥湾小川原湖開発室設置（4月1日） 東京電力、東北電力が原子力発電センター建設計画（東通村）を発表（6月24日） 原子力船むつ大湊港に着岸（7月19日）	
1971	財団法人青森県むつ小川原開発公社設立（3月31日） 東通村立小田野沢小学校南通分校廃校式（12月19日）	むつ小川原開発株式会社設立（3月25日）
1972	むつ市／「下北の郷土と生活を守る会」設立（3月12日）	
1973	青森県が「むつ小川原開発第1次基本計画」策定（6月8日）	
1974	東通村／「白糠地区海を守る会」設立（3月17日） 東通村／尻屋沖で原子力船むつ初臨界（8月28日） 東通村／尻屋沖で原子力船むつ放射線漏れ事故（9月1日）	電源三法（「電源開発促進税法」、「電源開発促進対策特別会計法」、「発電用施設周辺地域整備法」）公布（6月6日） 米／スリーマイル島原子力発電所発電開始（9月2日）
1975	青森県／「むつ小川原開発第2次基本計画」策定（12月20日）	
1976	大間町／大間町商工会が「原子力発電所設置に係る環境調査の実施」を町議会に請願（4月28日）	
1977		「第三次全国総合開発計画」（三全総）閣議決定（11月4日）
1978	むつ市／原子力船むつ、長崎県佐世保港に回航（10月15日）	ソ連／チェルノブイリ原子力発電所発電開始（5月）
1979		米／スリーマイル島原子力発電所事故［INESレベル5］（3月28日）
1980		日本原燃サ－ビス株式会社設立（3月1日）
1981	東北電力・東京電力が「下北地点原子力発電所第1次開発計画」を発表（12月4日）	
1982	むつ市／原子力船むつが大湊港に帰港（9月5日）	原子力委員会がプルトニウムを利用する新型転換炉（ATR）実証炉建設を電源開発が実施することを決定（8月27日）
1983		
1984	六ヶ所村／原子燃料サイクル施設対策協議会設立（8月31日） 大間町／町議会が原子力発電所誘致を決議（12月18日）	自民党科学技術部会、原子力船むつの廃船を決定（1月7日） 電気事業連合会が青森県および六ヶ所村に核燃料サイクル3施設の立地申し入れ（7月27日）
1985		日本原燃産業株式会社設立（3月1日）
1986		ソ連／チェルノブイリ原子力発電所事故［INESレベル7］（4月26日）
1987	むつ市／原子力船むつの新母港として関根浜新港完成（12月16日）	「第四次全国総合開発計画」（四全総）閣議決定（6月30日）
1988	むつ市／ 原子力船むつ、関根浜定係港に入港（6月14日）	
1989		

1990	六ヶ所村／「核燃とめたい、女たちのつどい」（12月15日 -16日）	
1991		
1992	六ヶ所村／低レベル放射性廃棄物埋設センター操業開始（12月8日）	日本原燃サービス株式会社と日本原燃産業株式会社が合併し日本原燃株式会社設立（7月1日）
1995	六ヶ所村／村が国際熱核融合実験炉をむつ小川原開発地域に誘致することを表明（1月30日）	原子力委員会が大間町での新型転換炉実証炉建設計画を見直し、フル MOX-ABWR 建設に変更することを決定（8月25日）
	六ヶ所村／高レベル放射性廃棄物貯蔵管理センター操業開始（4月26日）	福井／高速増殖原型炉「もんじゅ」ナトリウム漏えい事故［INES レベル1］（12月8日）
	むつ市／解体した原子力船むつを海洋科学技術センターに引き渡し（6月30日）	
1996	むつ市／関根浜にむつ科学技術館が開館(7月)	
1998		「21世紀の国土のグランドデザイン」（五全総）閣議決定（3月31日）
1999	東通村／東北電力が東通原子力発電所1号機起工式を実施（3月23日）	茨城／東海村 JCO 臨界事故発生［INES レベル4］（9月30日）
	東通村／東通原子力発電所 PR 館「トントゥビレッジ」開館（10月8日）	
2000	むつ市／使用済燃料中間貯蔵施設誘致計画が発覚（8月）	むつ小川原株式会社が解散し、新むつ小川原株式会社が設立（8月4日）
	むつ市／「中間貯蔵施設はいらない」下北の会設立	
2001		
2002		「エネルギー政策基本法」公布・施行（6月14日）
2003	日本原燃株式会社が六ヶ所村に本社を移転（1月1日）	「電源開発促進法」廃止（10月）
	むつ市／むつ市長が使用済燃料中間貯蔵施設誘致を表明（6月26日）	「第1次エネルギー基本計画」閣議決定（10月7日）
	むつ市／むつ市議会「中間貯蔵施設受入の是非を問う住民投票条例制定案」を否決（9月11日）	
2004		電源開発株式会社（J-POWER）が民営化（10月6日）
2005	東通村／東北電力東通原子力発電所発電開始（3月9日）	「原子力発電における使用済燃料の再処理等の実施及び廃炉の推進に関する法律」公布（5月20日）
	東通村／『東通村総合教育プラン「教育環境デザインひがしどおり21」報告書』発表（3月）	「国土総合開発法」が「国土形成計画法」へと名称改正（7月29日）
	東通村／東通村立東通小学校開校（4月1日）	
	青森県、むつ市、東京電力、日本原子力発電株式会社の4者で「使用済燃料中間貯蔵施設に関する協定」締結（10月19日）	
	むつ市／リサイクル燃料貯蔵株式会社（RFS）設立（11月21日）	
2006		
2007	青森県／「新むつ小川原開発基本計画」策定（5月14日）	「第2次エネルギー基本計画」閣議決定（3月9日）
2008	東通村／東通村立東通中学校開校（4月1日）	「国土形成計画」閣議決定（7月8日）
	大間町／大間原子力発電所着工（5月27日）	

2010	大間町／函館市や住民ら大間原発建設差し止め訴訟を函館地裁に提訴（7月28日）	「第3次エネルギー基本計画」閣議決定（6月18日）
	むつ市／使用済燃料中間貯蔵施設着工（8月31日）	
	六ヶ所村／MOX燃料工場着工（10月28日）	
2011	東通村／大規模余震で東通村原発は外部電源を喪失、作動した非常用発電機で大量の燃料漏れが発生（4月7日）	東北地方太平洋沖地震発生（3月11日）
		福島／東北電力福島第一原子力発電所事故［INESレベル7］（3月11日）
2012	大間町／大間原子力発電所工事再開（10月1日）	「再生可能エネルギー電気の利用の促進に関する特別措置法」（再エネ特措法）施行（7月1日）
		国家戦略会議の分科会であるエネルギー・環境会議が「革新的エネルギー・環境戦略」を決定（9月14日）
		原子力規制委員会が環境省の外局として発足（9月19日）
2013	むつ市／使用済燃料中間貯蔵施設貯蔵建屋（1棟目）完成（8月29日）	「実用発電用原子炉に係る新規制基準」施行（7月8日）
2014	東通村／東北電力が東通原発1号機について新規制基準による適合性審査を申請（6月10日）※現在も審査継続中	「第4次エネルギー基本計画」閣議決定（4月11日）※原発依存度低減の方針を打ち出す
	大間町／電源開発株式会社（J-POWER）が新規制基準にもとづき原子炉設置変更許可を申請（12月16日）※現在も審査継続中	
2015		経済産業省「長期エネルギー需要の見通し」発表（7月16日）
2016	下北半島地域（大間町、東通村、風間浦村、佐井村）が日本ジオパークの認定を受ける（9月9日）	
2018		「第5次エネルギー基本計画」閣議決定（7月3日）
2020	むつ市／「むつ市使用済燃料税条例」制定（3月31日）	菅義偉内閣総理大臣（当時）「2050年カーボンニュートラル宣言」発表（10月26日）
2021		「第6次エネルギー基本計画」閣議決定（10月22日）
2022	むつ市／「むつ市使用済燃料税条例」改正、施行（3月18日）※受入時の課税廃止、保管時の課税減	
2023		東京電力柏崎刈羽原子力発電所の運転禁止命令が解除（12月27日）
		「脱炭素社会の実現に向けた電気供給体制の確立を図るための電気事業法等の一部を改正する法律」（GX脱炭素電源法）公布（6月7日）
2024	青森県、むつ市、RFSの3者で「リサイクル燃料備蓄センター周辺地域の安全確保及び環境保全に関する協定書」締結（8月9日）	「電気事業法」、「原子力基本法」、「炉規法」、「再処理法」「再エネ特措法」改正（6月7日）
	むつ市／金属キャスクが使用済燃料中間貯蔵施設に搬入される（9月26日）	「脱炭素社会の実現に向けた電気供給体制の確立を図るための電気事業法等の一部を改正する法律の施行に伴う関係政令の整備及び経過措置に関する政令」閣議決定（3月19日）
	むつ市／RFSが操業開始（11月6日）	宮城／東北電力女川原子力発電所が運転再開（10月29日）※11月4日に運転停止

編著者略歴（執筆順）

安藤聡彦（あんどう・としひこ）
埼玉大学教育学部教授
1959年生まれ。主要業績に「教育資源としての公害資料館：困難な歴史を解釈する場となるために」（共著書『公害の経験を未来につなぐ：教育・フォーラム・アーカイブズを通した公害資料館の挑戦』ナカニシヤ出版、2023年）、『公害スタディーズ：悶え、哀しみ、闘い、語りつぐ』（林美帆・丹野春香と共編、ころから、2021年）等。

川尻剛士（かわじり・つよし）
山口大学教育・学生支援機構助教
1993年生まれ。主要業績に「水俣病患者の『水俣病を伝える』実践に関する史的研究・試論：杉本栄子（1938-2008）のライフヒストリーを通して」（『環境教育』2020年）、「医療講座・竹の子塾（1977-1979）：水俣環境教育史断章」（『水俣学研究』2024年）、「公害反対運動と住民の学習活動」（共著書『増補改訂版 ノンフォーマル教育の可能性：リアルな生活に根ざす教育へ』新評論、2025年）等。

西舘崇（にしたて・たかし）
共愛学園前橋国際大学国際社会学部准教授
1978年生まれ。主要業績に「合意に達しない熟議の価値：原子力エネルギー政策形成における熟議民主主義の到達点とは」（共著『論叢 玉川大学文学部紀要』2015年）、「むつ市における直接請求運動と地域民主主義」（『民主教育研究所年報』2018年）、「3.11直後の青森県政と原発関連施設の工事等再開をめぐるポリティクス」（『環境思想・教育研究』2022年）等。

執筆者略歴（執筆順）

古里貴士（ふるさと・たかし）
東海大学資格教育センター准教授
1979年生まれ。主要業績に「公害記録運動の成立とその性格」（『社会教育研究年報』2011年）、「公害教育論：生存権・環境権からのアプローチ」（共著書『民主主義の育てかた』かもがわ出版、2021年）等。

澤佳成（さわ・よしなり）
東京農工大学大学院農学研究院講師
1979年生まれ。主要業績に『開発と〈農〉の哲学：〈いのち〉と自由を基盤としたガバナンスへ』（はるか書房、2023年）、「環境へのマニフェスト」（共著書『リアル世界をあきらめない』はるか書房、2016年）等。

小山田和代（おやまだ・かずよ）
民間シンクタンク勤務
1984年生まれ。主要業績に「核燃・原子力論の周辺から描く東京／青森／六ヶ所」（共著書『「辺境」からはじまる：東京／東北論』明石書店、2012年）等。

栗又衛（くりまた・まもる）
民主教育研究所勤務、茨城県歴史教育者協議会会長
1957年生まれ。主要業績に「『通学路線』を守ったかしてつ応援団」（共著書『地域を変える高校生たち』かもがわ出版、2014年）等。

三谷高史（みたに・たかし）
宮城教育大学大学院教育学研究科准教授
1980年生まれ。主要業績に「『開かれた、参加と共同の学校づくり』の系譜」（『季刊 教育法』2022年）、「『地域と教育』論：コミュニティ・スクールは誰のために」（共著書『民主主義の育てかた』かもがわ出版、2021年）等。

丹野春香（たんの・はるか）
埼玉大学（非常勤講師）、明治大学・立教大学（兼任講師）
1987年生まれ。主要業績に「水俣病歴史考証館の生成史」（『明治大学社会教育主事課程年報』2023年）、「藤岡貞彦の〈地域と教育〉研究における『環境権』の視座」（『社会教育学研究』2018年）等。

横山智樹（よこやま・ともき）
日本学術振興会特別研究員PD、高崎経済大学ほか（非常勤講師）
1994 年生まれ。主要業績に『被災者発の復興論：3・11以後の当事者排除を超えて』（山下祐介と共編、岩波書店、2024年）等。

核開発地域に生きる──下北半島からの問いかけ

2024年12月25日　初版第1刷発行

編著者　安藤聡彦／西舘　崇／川尻剛士
発行者　川上　隆
発行所　株式会社同時代社
〒101-0065　東京都千代田区西神田2-7-6
電話　03(3261)3149　FAX　03(3261)3237
装　幀　クリエイティブ・コンセプト
組　版　精文堂印刷株式会社
印　刷　精文堂印刷株式会社

ISBN978-4-88683-978-7